ローマ字・かな対応表

本書では、ローマ字入力で解説を行っていま
わからなくなったときは、こちらの対応表を参考にしてください。

※Microsoft IME の代表的な入力方法です。

あ行	あ	い	う	え	お
	A	I	U	E	O
	ぁ	ぃ	ぅ	ぇ	ぉ
	LA	LI	LU	LE	LO
	うぁ	うぃ		うぇ	うぉ
	WHA	WHI		WHE	WHO

か行	か	き	く	け	こ
	KA	KI	KU	KE	KO
	が	ぎ	ぐ	げ	ご
	GA	GI	GU	GE	GO
	きゃ	きぃ	きゅ	きぇ	きょ
	KYA	KYI	KYU	KYE	KYO
	ぎゃ	ぎぃ	ぎゅ	ぎぇ	ぎょ
	GYA	GYI	GYU	GYE	GYO

さ行	さ	し	す	せ	そ
	SA	SI	SU	SE	SO
	ざ	じ	ず	ぜ	ぞ
	ZA	ZI	ZU	ZE	ZO
	しゃ	しぃ	しゅ	しぇ	しょ
	SYA	SYI	SYU	SYE	SYO
	じゃ	じぃ	じゅ	じぇ	じょ
	JYA	JYI	JYU	JYE	JYO

た行	た	ち	つ	て	と
	TA	TI	TU	TE	TO
	だ	ぢ	づ	で	ど
	DA	DI	DU	DE	DO
	てゃ	てぃ	てゅ	てぇ	てょ
	THA	THI	THU	THE	THO
	でゃ	でぃ	でゅ	でぇ	でょ
	DHA	DHI	DHU	DHE	DHO
	ちゃ	ちぃ	ちゅ	ちぇ	ちょ
	TYA	TYI	TYU	TYE	TYO
	ぢゃ	ぢぃ	ぢゅ	ぢぇ	ぢょ
	DYA	DYI	DYU	DYE	DYO
			っ		
			LTU		

な行	な	に	ぬ	ね	の
	NA	NI	NU	NE	NO
	にゃ	にぃ	にゅ	にぇ	にょ
	NYA	NYI	NYU	NYE	NYO

は行	は	ひ	ふ	へ	ほ
	HA	HI	HU	HE	HO
	ば	び	ぶ	べ	ぼ
	BA	BI	BU	BE	BO
	ぱ	ぴ	ぷ	ぺ	ぽ
	PA	PI	PU	PE	PO
	ひゃ	ひぃ	ひゅ	ひぇ	ひょ
	HYA	HYI	HYU	HYE	HYO
	びゃ	びぃ	びゅ	びぇ	びょ
	BYA	BYI	BYU	BYE	BYO
	ぴゃ	ぴぃ	ぴゅ	ぴぇ	ぴょ
	PYA	PYI	PYU	PYE	PYO
	ふぁ	ふぃ		ふぇ	ふぉ
	FA	FI		FE	FO

ま行	ま	み	む	め	も
	MA	MI	MU	ME	MO
	みゃ	みぃ	みゅ	みぇ	みょ
	MYA	MYI	MYU	MYE	MYO

や行	や		ゆ		よ
	YA		YU		YO
	ゃ		ゅ		ょ
	LYA		LYU		LYO

ら行	ら	り	る	れ	ろ
	RA	RI	RU	RE	RO
	りゃ	りぃ	りゅ	りぇ	りょ
	RYA	RYI	RYU	RYE	RYO

わ行	わ		を		ん
	WA		WO		NN

おすすめショートカットキー

ショートカットキーとは、そのキーを押すことで、マウスを動かすことなくパソコンの操作を行うことのできるキーです。覚えておくと操作が早くなるので便利です。「 ⊞ + ↑ 」と書いてある場合は、⊞ キーを押したままの状態で、↑ キーを押します。

デスクトップ画面で使える ショートカットキー

⊞		スタートメニュー(スタート画面)の表示・非表示を切り替えます。
⊞ + ↑		デスクトップ画面のウィンドウを最大化します。
⊞ + ↓		デスクトップ画面のウィンドウを最小化します。
⊞ + D し		デスクトップ画面の表示・非表示を切り替えます。
⊞ + I に		設定画面を表示します。
⊞ + Q た		検索画面を表示します。
Alt + Tab		デスクトップ画面で使っているウィンドウを切り替えます。
Alt + F4		ウィンドウを閉じます。

多くのアプリケーションで共通に使えるショートカットキー

Ctrl + C そ		選択したものをコピーします。
Ctrl + X さ		選択したものを切り取ります。
Ctrl + V ひ		直前にコピーまたは切り取ったものを貼り付けます。
Ctrl + S と		ファイルを上書き保存します。
Ctrl + P せ		印刷画面を表示します。
Ctrl + Z っつ		直前に行った操作を取り消します。
Ctrl + N み		新しいファイルを開きます。
F12		ファイルに名前を付けて保存します。

大きな字で
わかりやすい
パソコン
入門 ウィンドウズ10対応版

［改訂3版］

AYURA：著

技術評論社

本書の使い方

本書の各セクションでは、手順の番号を追うだけで、パソコンの各機能の使い方がわかるようになっています。

このセクションで使用する基本操作の参照先を示しています

基本操作を赤字で示しています

上から順番に読んでいくと、操作ができるようになっています。解説を一切省略していないので、迷うことがありません！

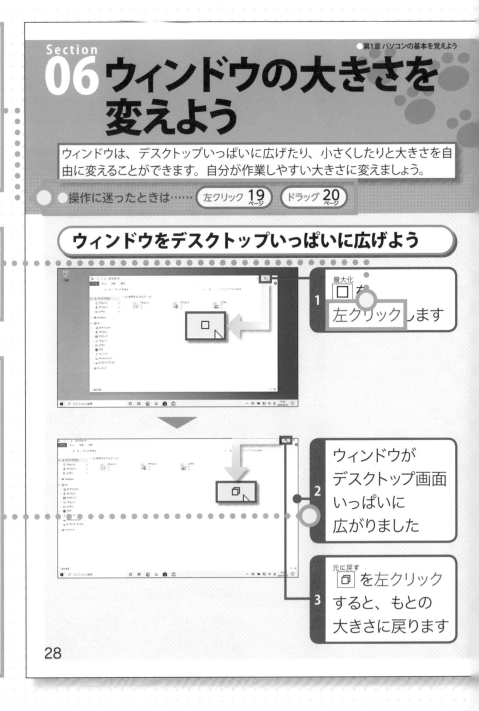

操作のヒントも書いてあるから
よく読んでね

以下のほか、操作の補足や参考情報として、コラム（Column、📖）を掲載しています

小さくて見えにくい部分は、➡を使って拡大して表示しています

操作の補足説明を示しています

ドラッグする部分は、・・・▶ で示しています

ほとんどのセクションは、2ページでスッキリと終わります

大きな字でわかりやすい
パソコン入門
［ウィンドウズ10対応版］

第2章　キーボードで文字を入力しよう　34

第5章　スマホやデジカメの写真を楽しもう　122

付録

第1章

パソコンの基本を覚えよう

ここでは、パソコンの基本をひととおり覚えることができます。まず、パソコンの起動と終了方法、マウスの使い方を確認しましょう。さらに、デスクトップ画面やスタートメニュー、ウィンドウやタスクバーのしくみなど、パソコンを使ううえでの基本的な操作を身に付けましょう。

この章でできるようになること

マウスをスムーズに使えます! ▶16〜21ページ

パソコンの操作にはマウスが欠かせません。
持ち方からまぎらわしい動かし方まで、丁寧に説明します

パソコンの画面のしくみがわかります! ▶14、22ページ

デスクトップ画面と
スタートメニューについて
解説します

ウィンドウのしくみがわかります! ▶24〜31ページ

アプリなどの画面を
ウィンドウといいます。
しくみや動かし方を
マスターしましょう

Section 01 パソコンの電源を入れよう

パソコンの電源を入れて、パソコンを使えるようにすることを「パソコンを起動する」といいます。はじめに、パソコンを起動しましょう。

● 操作に迷ったときは…… 左クリック **19** ページ　入力 **40** ページ

1 パソコンの電源ボタンを押します

! ⏻ マークが電源ボタンを示しています

2 ウィンドウズが起動してロック画面が表示されました

! 設定によってはこの画面が表示されずに、すぐにパソコンが起動します

10:41
1月7日 (木)

ロック画面は、他人にパソコンを操作されないように管理するための画面です

3 画面のどこかを左クリックします

! タッチ操作では、画面の下端から中央へ指を動かします

4 パスワードあるいはPINを入力する画面が表示されました

5 ここではPINを入力します

6 パソコンが起動しました

この画面を「デスクトップ画面」といいます

おわり

Column　パスワードとPIN

パソコンの起動時に使用するパスワードやPIN（4桁以上の数字）は、最初にパソコンを設定するときに指定しますが、変更することもできます。＜設定＞ウィンドウを表示して、＜アカウント＞→＜サインインオプション＞の順に左クリックして設定します。

Section 02 パソコンの画面を知ろう

パソコンの電源を入れたときに最初に表示される画面を「デスクトップ画面」といいます。デスクトップ画面は、エクセルやワードなどのアプリ（ソフト）を利用したり、ファイル操作を行ったりするための画面です。

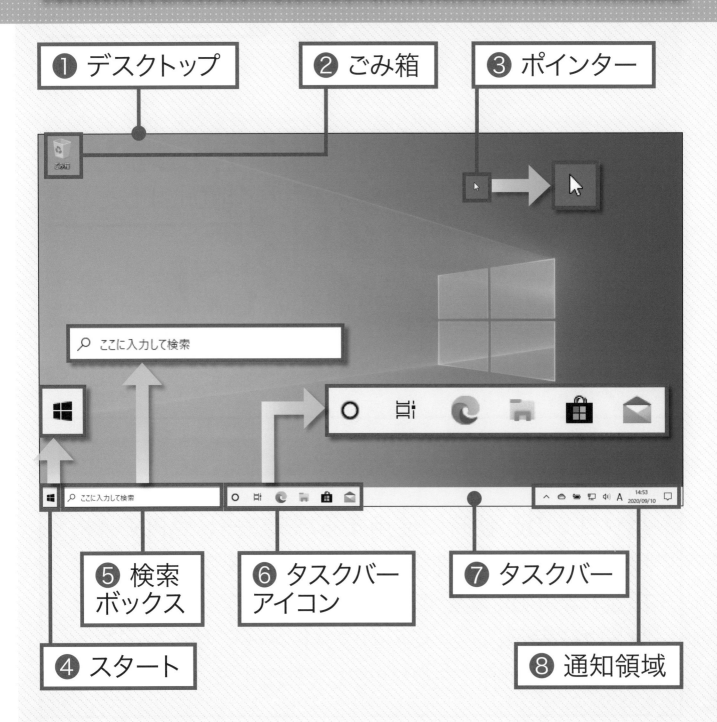

❶ デスクトップ　　❷ ごみ箱　　❸ ポインター

❺ 検索ボックス　　❻ タスクバーアイコン　　❼ タスクバー

❹ スタート　　❽ 通知領域

❶ デスクトップ

アプリ（ソフト）のウィンドウなどを表示して、さまざまな操作を行う場所です。アプリのアイコンなどを置いたりすることもできます。「アプリ（ソフト）」とは、パソコンで文書を作成したりインターネットを見たりするための道具のことです。

❷ ごみ箱

削除したファイルやフォルダー（詳しくは第7章）は、＜ごみ箱＞の中に移動されます。＜ごみ箱＞の中からもとに戻すこともできます。

❸ ポインター

パソコンにさまざまな指示を与えます。マウスを動かすと、ポインターもいっしょに動きます。マウスポインターやマウスカーソルとも呼ばれます。ポインターは、操作する内容に応じていろいろな形に変わります。

❹ スタート

左クリックすると、スタートメニュー（22ページ参照）が表示されます。

❺ 検索ボックス

パソコン内のファイルやアプリ、各種設定画面を検索したり、Webの検索結果を表示したりすることができます。

❻ タスクバーアイコン

よく使うアプリなどをかんたんに起動するためのアイコン（絵柄）です。

❼ タスクバー

現在操作しているアプリがアイコンとして表示されます。

❽ 通知領域

ネットワークやスピーカー、入力モード、通知などのアイコン、現在の日付と時刻などが表示されます。アイコンをクリックすることで、それぞれの設定を行えます。

おわり

Section 03 マウスの使い方を身に付けよう

パソコンを操作するには、マウスを使います。マウスのしくみや正しい持ち方を覚え、マウスを実際に動かしてみましょう。マウスの基本操作は、移動・クリック・ダブルクリック・ドラッグです。

マウスのしくみ

マウスには、左右2つのボタンとホイールが付いています。

ホイール
人差し指でくるくると回して使います。パソコンの画面を上下に動かすときに使います

ほとんどの操作は左ボタンだけで行えます！

左ボタン
一番よく使うボタンです。左ボタンを1回押すことを、左クリックといいます

右ボタン
右ボタンを1回押すことを、右クリックといいます

マウスの持ち方

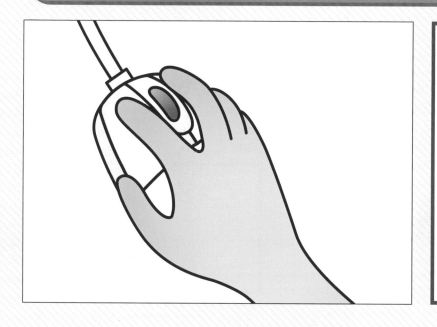

平らな場所にマウスを置き、手のひらで包むように持ちます。人差し指を左ボタンの上、中指を右ボタンの上に置きます

次へ

ノートパソコンの場合

ノートパソコンでは、マウスのかわりにタッチパッドでも操作できます。マウスのボタンと同じ使い方ができますが、慣れないうちは使いにくいかもしれません。
最初は、マウスをつなげて使うことをおすすめします。

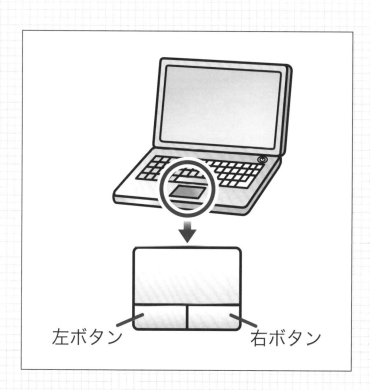

左ボタン　　　　右ボタン

ポインターを移動しよう

上下左右、斜め方向にマウスを動かすと、その動きに合わせて画面上の矢印（⬉）が移動します。この矢印を「ポインター」といいます。

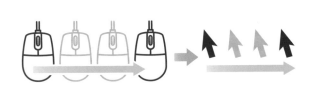

マウスを右に動かすと、ポインターも右に移動します

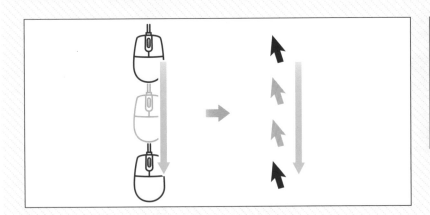

マウスを下に動かすと、ポインターも下に移動します

●マウスパッドの端に来てしまったときは

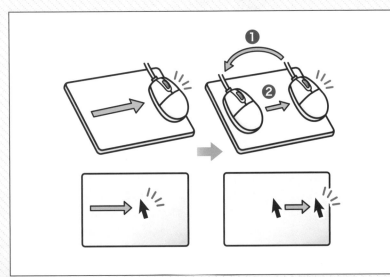

マウスをマウスパッド（または机）から浮かせて、左側に持っていきます❶。そこからまた右に移動します❷

クリックしよう

マウスを固定して左ボタンを1回押すことを「左クリック」と
いいます。右ボタンを1回押すことを「右クリック」といいます。

1 17ページの方法で
マウスを持ちます

2 人差し指で左ボタン
を軽く押します

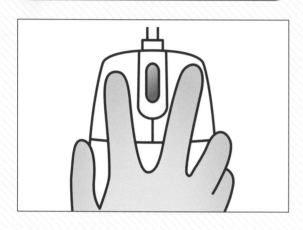

カチッ

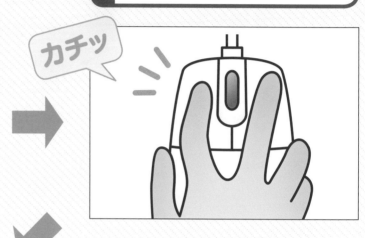

3 すぐにもとに戻しま
す。左ボタンがもと
の状態に戻ります

クリックは、ボタンを押して
すぐに戻す操作です。
押し続けてはいけませんよ

●右クリックの場合

カチッ

同様に、右ボタンを押
して戻すと、右クリッ
クができます

次へ

ドラッグしよう

マウスの左ボタンを押したままマウスを移動することを、「ドラッグ」といいます。移動中、ボタンから指を離さないように注意しましょう。

左ボタンを押したまま移動して…

指をもとに戻す

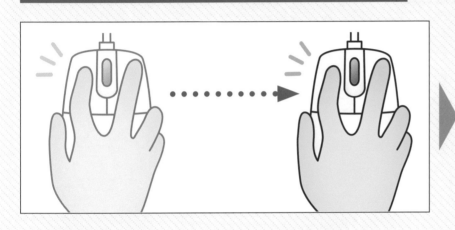
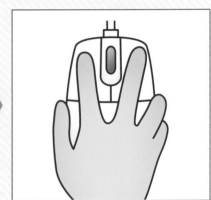

ダブルクリックしよう

マウスの左ボタンをすばやく2回続けて押すことを「ダブルクリック」といいます。

カチカチッ

「カチカチッ」と押すイメージです

タッチ操作を利用しよう

タッチスクリーンに対応したパソコンでは、指で画面に直接触れてマウスと同じ操作を行うことができます。

タップ
対象を1回トンとたたきます
（マウスの左クリックに相当）

ダブルタップ
対象をすばやく2回たたきます
（マウスのダブルクリックに相当）

ホールド
対象を少し長めに押します
（マウスの右クリックに相当）

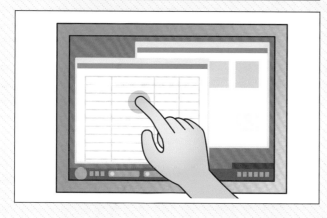

ドラッグ
対象に触れたまま、画面上を指でなぞり、上下左右に移動します

おわり

Section 04 スタートメニューを表示しよう

アプリの起動やパソコンの設定、パソコンの終了などの操作を行うときは、スタートメニューを表示します。スタートメニューのしくみを覚えましょう。

●操作に迷ったときは…… 左クリック **19** ページ

スタートメニューを表示しよう

1 タスクバー左端の スタート ■ を 左クリックします

2 スタートメニュー が表示されました

! スタートメニューの内容は、ウィンドウズのバージョンやパソコンによって異なります

パソコンによっては、タスクバーやスタートメニューの色が黒色で表示されます

スタートメニューのしくみ

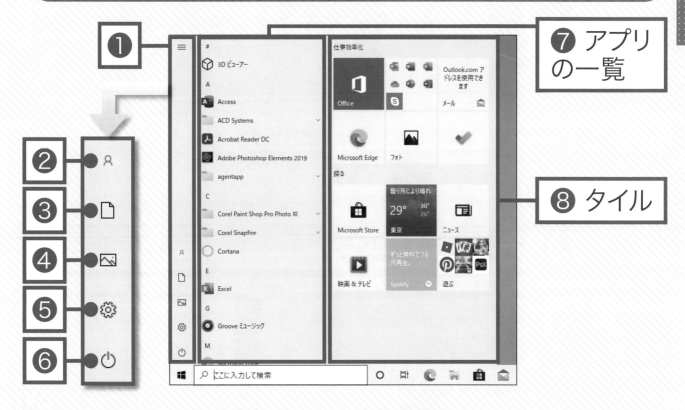

❶ ナビゲーションバー
アイコンにポインターを合わせると幅が広がります。

❷ ユーザーアカウント
パソコンを使っているユーザー名が表示されます。

❸ ドキュメント
＜エクスプローラー＞の＜ドキュメント＞ウィンドウが開きます。

❹ ピクチャ
＜エクスプローラー＞の＜ピクチャ＞ウィンドウが開きます。

❺ 設定
＜設定＞ウィンドウが開きます。

❻ 電源
パソコンを終了したり、再起動したりします。

❼ アプリの一覧
パソコンにインストールされているアプリが表示されます。

❽ タイル
ピン留めしたアプリが表示されます。

おわり

23

Section 05 ウィンドウとタスクバーのしくみを知ろう

アプリなどの画面を「ウィンドウ」と呼びます。ウィンドウを表示すると、タスクバーにそのウィンドウのアイコンが表示されます。

● 操作に迷ったときは…… 左クリック **19** ページ

ウィンドウを表示しよう

1 タスクバーの
エクスプローラー
を
左クリックします

2 <エクスプローラー>が起動して、ウィンドウが表示されました

<エクスプローラー>は、
パソコン内のファイルやフォルダーを
操作したり管理したりするためのアプリで、
第7章で詳しく解説します

ウィンドウのしくみ

＜エクスプローラー＞を例にして、ウィンドウのしくみを確認しましょう。ウィンドウの構成は、アプリによって多少異なりますが、基本的な要素はほぼ同じです。

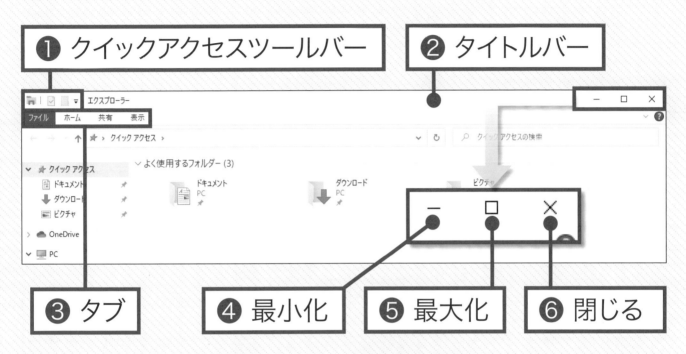

| ❶ クイックアクセスツールバー | ❷ タイトルバー |

| ❸ タブ | ❹ 最小化 | ❺ 最大化 | ❻ 閉じる |

❶ クイックアクセスツールバー
よく使う機能のコマンドが表示されています。

❷ タイトルバー
使っているアプリや現在開いているファイルの名前が表示されます。

❸ タブ
左クリックすると、アプリの機能を実行するためのコマンドが表示されます。

❹ 最小化
左クリックすると、ウィンドウがタスクバーに格納されます。

❺ 最大化
左クリックすると、ウィンドウがデスクトップ画面いっぱいに広がります。

❻ 閉じる
左クリックすると、ウィンドウが閉じます。

次へ

ウィンドウとタスクバーのしくみ

アプリを起動すると、タスクバーには、起動中のアプリのアイコンが表示されます。ウィンドウを最小化すると、ウィンドウがタスクバーに格納されます。もとに戻すには、タスクバーのアイコンを左クリックします。

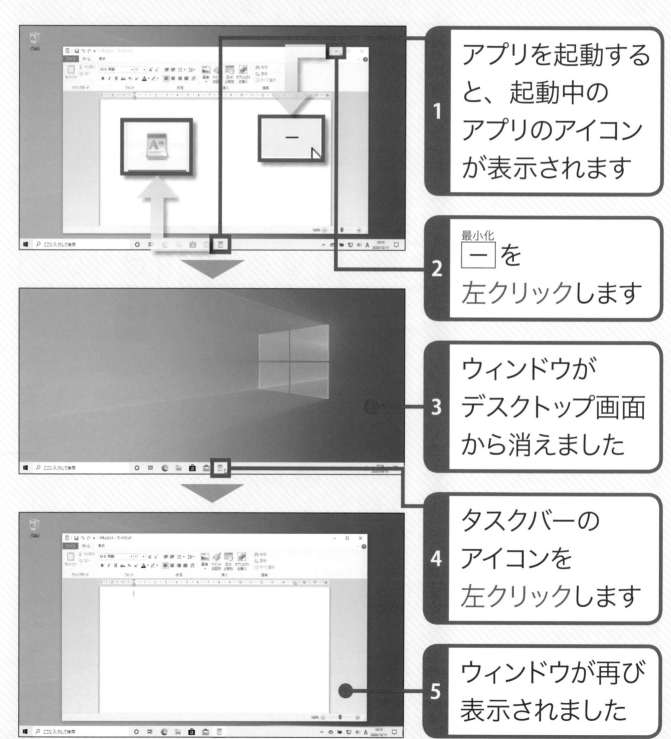

1 アプリを起動すると、起動中のアプリのアイコンが表示されます

2 最小化 □ を 左クリックします

3 ウィンドウが デスクトップ画面 から消えました

4 タスクバーの アイコンを 左クリックします

5 ウィンドウが再び 表示されました

ウィンドウを切り替えよう

デスクトップには複数のウィンドウを開いて作業を行うことができます。ウィンドウが重なったときは、タスクバーのアイコンを左クリックすると、切り替えることができます。

1 複数のウィンドウを開いています

2 マイクロソフトエッジ

  を左クリックします

3 マイクロソフトエッジが前面に表示されました

4 タスクバーの
エクスプローラー
  を
左クリックします

5 <エクスプローラー>が前面に表示されました

おわり

Section 06 ウィンドウの大きさを変えよう

ウィンドウは、デスクトップいっぱいに広げたり、小さくしたりと大きさを自由に変えることができます。自分が作業しやすい大きさに変えましょう。

●操作に迷ったときは…… 左クリック **19** ページ ドラッグ **20** ページ

ウィンドウをデスクトップいっぱいに広げよう

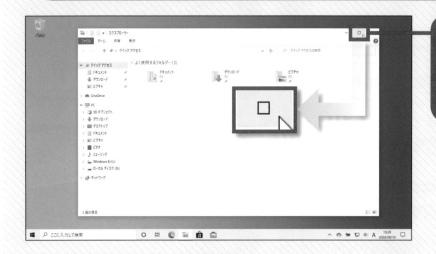

1 最大化 □ を 左クリックします

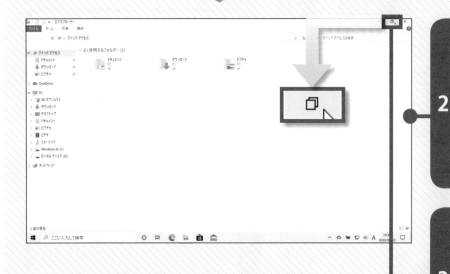

2 ウィンドウが デスクトップ画面 いっぱいに 広がりました

3 元に戻す ◰ を左クリック すると、もとの 大きさに戻ります

ウィンドウを小さくしよう

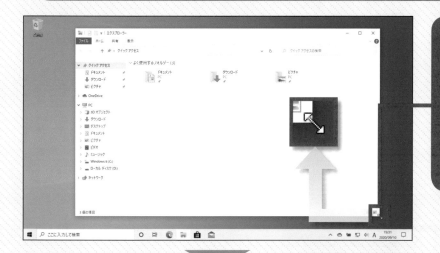

1 ウィンドウの角に ポインター
$\searrow$ を移動します

! ポインターの形が $\nwarrow$ に変わります

2 そのまま目的の大きさになるまでドラッグします

3 目的のサイズになったら、マウスのボタンを離します

4 ウィンドウが小さくなりました

右下にドラッグすると、ウィンドウが大きくなります

おわり

Section 07 ウィンドウを移動しよう

ウィンドウは、デスクトップ上で自由に移動することができます。ウィンドウの上部（タイトルバー）をドラッグして移動させます。

● 操作に迷ったときは……　[左クリック **19** ページ]　[ドラッグ **20** ページ]　[ダブルクリック **20** ページ]

! ウィンドウのサイズを小さくしています（29ページ参照）

1 ウィンドウの上部（タイトルバー）に　ポインター　⬚ を移動します

2 そのまま移動したい場所までドラッグします

複数のウィンドウを表示しているときは、重なる部分が少なくなるように移動すると、使いやすくなります!

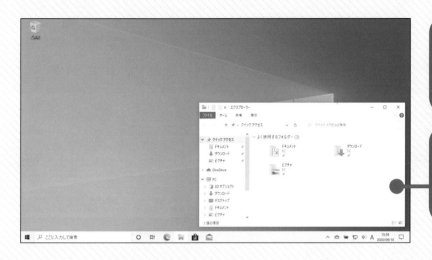

3 マウスのボタンを
離します

4 ウィンドウが
移動しました

おわり

 Column **ウィンドウを左右に並べて表示する**

複数のウィンドウを起動している場合、分割して表示することができます。もとの状態に戻すには、タイトルバーをダブルクリックして、ウィンドウサイズを調整します。

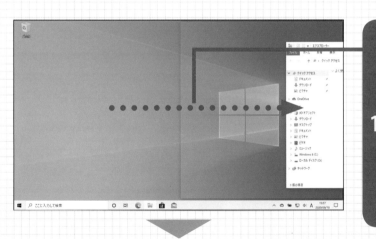

1 ウィンドウを画面
の右（左）端に
ドラッグし、
マウスのボタンを
離します

2 左側のアプリを
左クリックすると、
もう片方に
分割されます

Section 08 パソコンを終了しよう

パソコンを使い終わったら、終了しましょう。開いているウィンドウがある場合は、ウィンドウを閉じてからパソコンの終了操作を行います。

●操作に迷ったときは…… 左クリック **19** ページ

開いているウィンドウを閉じよう

1 閉じる
× を
左クリックします

! すべてのウィンドウは、この方法で閉じることができます

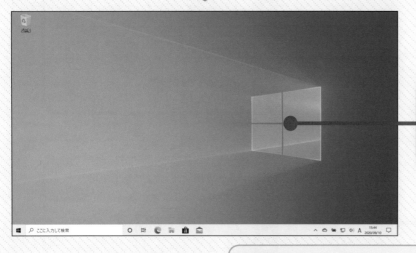

2 ウィンドウが
閉じました

複数のウィンドウを
開いている場合は、
すべてのウィンドウを閉じましょう

パソコンを終了しよう

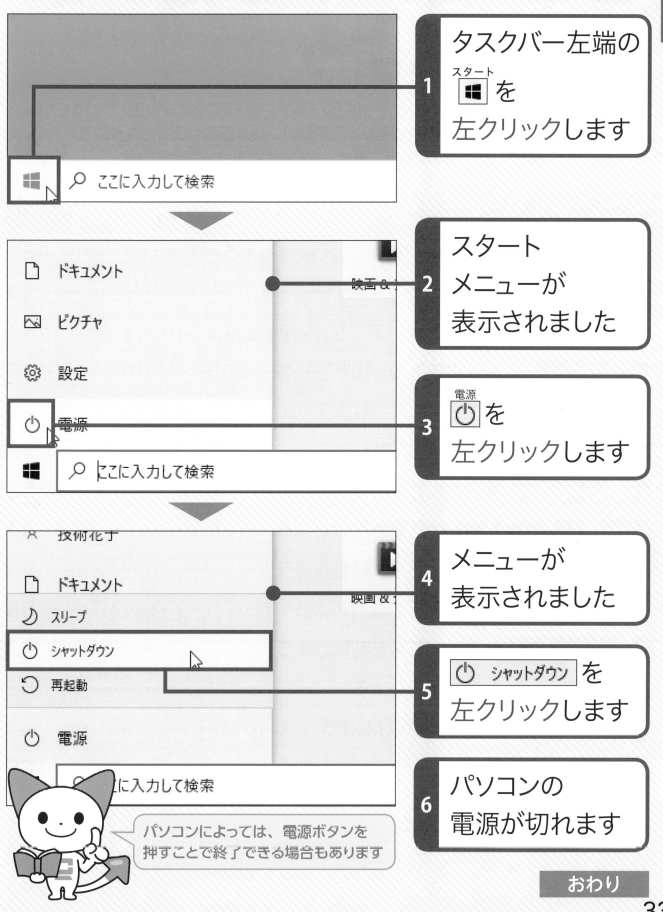

1 タスクバー左端の
スタート
■ を
左クリックします

2 スタート
メニューが
表示されました

3 電源
⏻ を
左クリックします

4 メニューが
表示されました

5 ⏻ シャットダウン を
左クリックします

6 パソコンの
電源が切れます

パソコンによっては、電源ボタンを
押すことで終了できる場合もあります

おわり

33

第2章 キーボードで文字を入力しよう

文字入力の基本を覚えることができます。キーボードのキーや操作方法、日本語入力のしくみを確認したあと、英数字やひらがな、カタカナ、漢字などを入力してみましょう。また、文字の選択やコピー・移動、改行、削除や挿入方法についても覚えましょう。

この章でできるようになること

キーボードをスムーズに使えます！　▶36〜39ページ

よく使うキーの確認と、キーボードを効率よく操作するコツを覚えましょう。ポイントは手の置き方です

文字の入力や操作ができます！　▶40〜63ページ

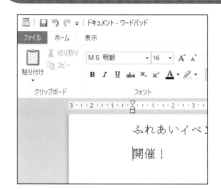

入力モードのしくみや、いろいろな文字の入力方法、選択や、コピーや移動、改行、削除、挿入などの操作について解説します

文書を保存することができます！　▶64ページ

作成した文書はファイルとして保存しておくことができます。保存した文書は、いつでも開いて利用できます

Section 09 よく使うキーを確認しよう

パソコンで文字を入力するには、キーボードを使います。キーの配列は、パソコンの種類によって多少異なります。ここでは、よく使うキーの名称と、キーに割り当てられた機能を確認しましょう。

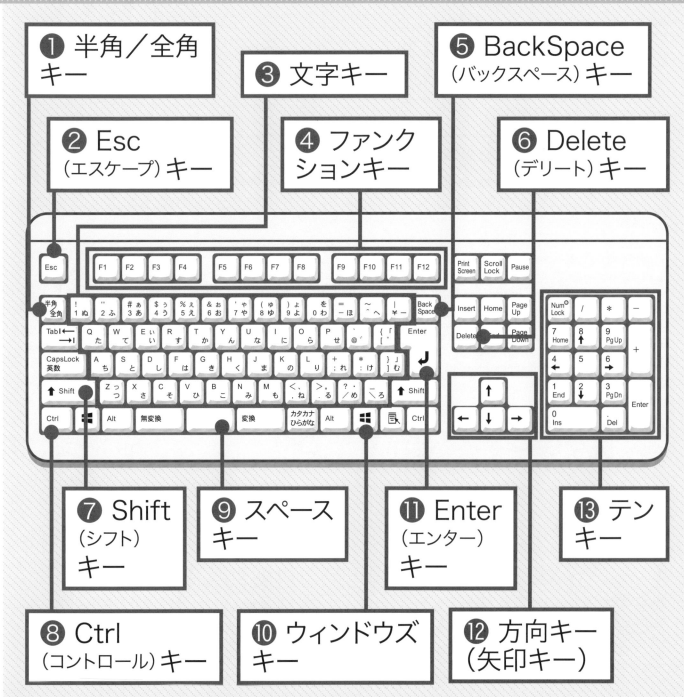

❶ 半角／全角キー

❷ Esc（エスケープ）キー

❸ 文字キー

❹ ファンクションキー

❺ BackSpace（バックスペース）キー

❻ Delete（デリート）キー

❼ Shift（シフト）キー

❽ Ctrl（コントロール）キー

❾ スペースキー

❿ ウィンドウズキー

⓫ Enter（エンター）キー

⓬ 方向キー（矢印キー）

⓭ テンキー

❶ 半角／全角キー

日本語入力モードと半角英数入力モードを切り替えます（41 ページ参照）。

❷ Esc（エスケープ）キー

入力した文字を取り消したり、選択した操作を取り消したりします。

❸ 文字キー

ひらがなや英数字、記号などの文字を入力します。

❹ ファンクションキー

それぞれのキーに、文字を入力したあとにカタカナに変換するなどの機能が登録されています。

❺ BackSpace（バックスペース）キー

｜（カーソル）の左側の文字を消します。また、選択した文字を削除します。

❻ Delete（デリート）キー

｜（カーソル）の右側の文字を消します。また、選択した文字を削除します。

❼ Shift（シフト）キー

英字の大文字やキーの左上に書かれた記号を入力するときに、このキーを押しながら文字キーを押します。

❽ Ctrl（コントロール）キー

ほかのキーと組み合わせて使います。

❾ スペースキー

ひらがなを漢字やカタカナに変換します。空白を入力するときにも使います。

❿ ウィンドウズキー

スタートメニューを表示します。

⓫ Enter（エンター）キー

変換した文字の入力を完了します。改行するときにも使います。

⓬ 方向キー（矢印キー）

｜（カーソル）の位置を上下左右に移動します。

⓭ テンキー

数字を入力します。テンキーがない場合もあります。

おわり

Section 10 キーボードを効率よく操作しよう

キーボードを効率よく操作するためには、基本的な手の位置が重要です。また、どの指でどのキーを押すかを覚えておくと、効率よく入力ができます。ここでは、基本となる指の配置と操作方法を確認しましょう。

基本となる指の配置を覚えよう

キーボードを操作する際は、下図のとおりに指を配置するのが基本です。この指の配置を「ホームポジション」といいます。

D キーに左手の中指を置きます

F キーに左手の人差し指を置きます

J キーに右手の人差し指を置きます

K キーに右手の中指を置きます

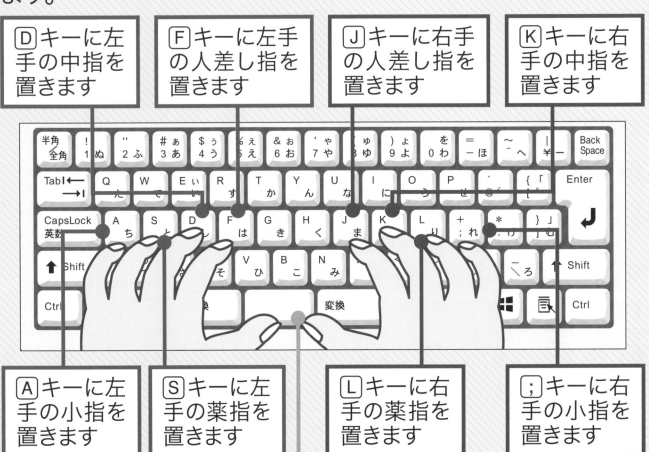

A キーに左手の小指を置きます

S キーに左手の薬指を置きます

L キーに右手の薬指を置きます

; キーに右手の小指を置きます

スペース キーに両手の親指を置きます

効率よく入力しよう

キーボードを効率よく操作するには、ホームポジションを基本にして、下図のように、近くのキーをそれぞれの指で押します。キーは、長く押し続けないようにしましょう。

左手の薬指で押します

左手の中指で押します

右手の人差し指で押します

右手の小指で押します

左手の小指で押します

左手の人差し指で押します

右手の中指で押します

親指で押します

右手の薬指で押します

おわり

解説 **指の配置は絶対ではない！**

ここで紹介した指の配置は、キーボードを利用するための基本となるものですが、必ずしもこのとおりにする必要はありません。使いにくい場合は別の指で押すなどして、使いやすいように工夫しましょう。

Section 11 日本語入力のしくみを知ろう

文字の入力には「日本語入力システム」が欠かせません。日本語入力システムで、入力モードの切り替えや入力方式の切り替えなどを行います。

● 操作に迷ったときは…… 左クリック **19** ページ 右クリック **19** ページ キー **36** ページ

入力モードアイコンを知ろう

ウィンドウズのパソコンには、あらかじめ日本語を入力するためのアプリが入っています。このアプリは、タスクバーの通知領域に入力モードアイコンとして表示されます。

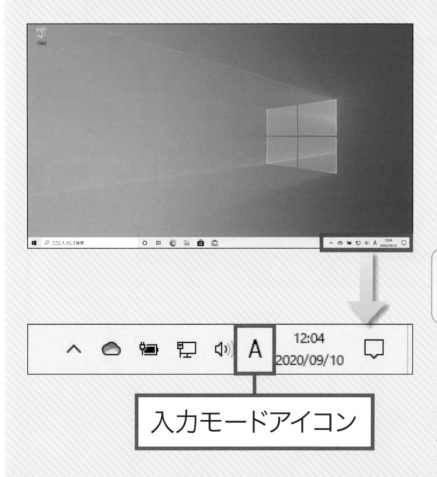

入力モードアイコンは、タスクバーの通知領域に格納されています

入力モードアイコン

入力モードを知ろう

入力モードには、日本語を入力する「日本語入力モード」と、英数字を入力する「半角英数入力モード」があります。キーボードの[半角/全角]キーを押すと、入力モードが切り替わり、入力モードアイコンの表示が変わります。

●日本語入力モードへの切り替え

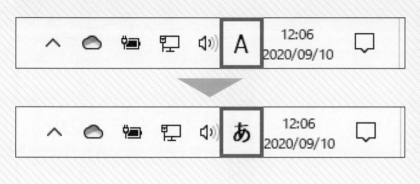

キーボードの[半角/全角]キーを押すと、[A]が[あ]に変わります

日本語が入力できるようになります

●半角英数入力モードへの切り替え

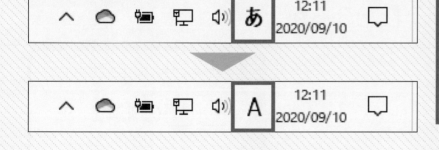

キーボードの[半角/全角]キーを押すと、[あ]が[A]に変わります

英数字が入力できるようになります

次へ

41

ローマ字入力とかな入力を知ろう

日本語を入力する際の入力方式には、「ローマ字入力」と「かな入力」の2つの方法があります。

●ローマ字入力とは

ローマ字入力は、キーに書かれた英文字をローマ字読みにして日本語を入力します。

ここでは、入力モードを あ に切り替えています

1 キーボードで   の順にキーを押します

そら

2 「そら」と入力されます

●かな入力とは

かな入力は、キーに書かれたひらがなのとおりに日本語を入力します。

1 キーボードで   の順にキーを押します

そら

2 「そら」と入力されます

ローマ字入力とかな入力の切り替え方法

ローマ字入力とかな入力の切り替えは、入力モードアイコンから設定します。入力モードアイコンを右クリックして、「かな入力」を「有効」にするか「無効」にするかを選択します。

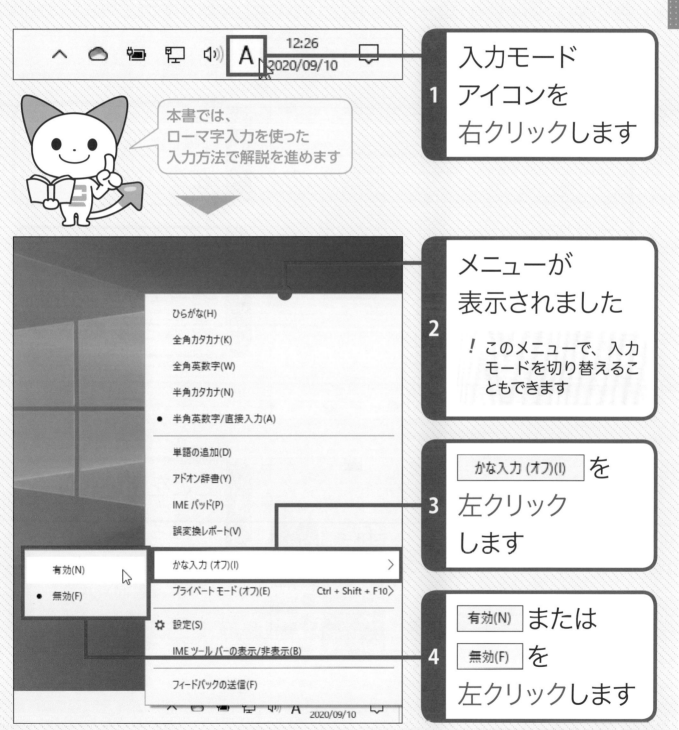

本書では、
ローマ字入力を使った
入力方法で解説を進めます

1 入力モード
アイコンを
右クリックします

2 メニューが
表示されました

！ このメニューで、入力
モードを切り替えることもできます

3 かな入力 (オフ)(I) を
左クリック
します

4 有効(N) または
無効(F) を
左クリックします

おわり

43

Section 12 ワードパッド(アプリ)を 使ってみよう

文字入力の練習をするために、アプリを開きましょう。ここでは、パソコンに最初から入っている「ワードパッド」というアプリを開きます。

●操作に迷ったときは…… 左クリック **19** ページ ドラッグ **20** ページ

1 スタート ■ を 左クリックします

2 スタート メニューが 表示されました

3 ここを下方向に ドラッグします

44

ウィンドウズアクセサリ
Windows アクセサリ を
左クリックします

4

! ☑ が付いている項目
は、中にアプリが入っ
ています

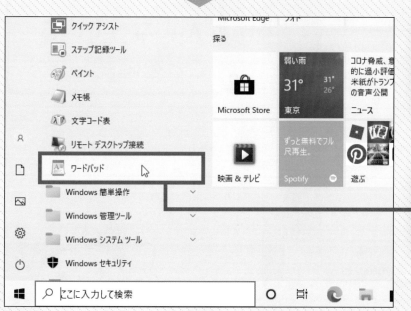

ウィンドウズアクセサリ
Windows アクセサリ が

5

開きました

ワードパッド を

6

左クリックします

ワードパッドが

7

開きました

ワードパッドは、かんたんな文書を
作成するためのアプリです

おわり

45

2章

キーボードで文字を入力しよう

Section 13 英数字を入力しよう

はじめに、英数字を入力しましょう。英数字を入力するときは、入力モードが半角英数入力モードになっていることを確認します。

●操作に迷ったときは…… キー 36 ページ 入力 40 ページ

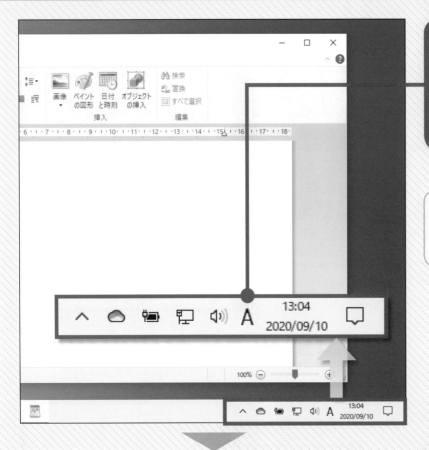

1 入力モードが A になっていることを確認します

あ が表示されているときは、半角/全角 キーを押して A に切り替えます

2 カーソル | が点滅していることを確認します

! 文字は、| が点滅している位置に入力できます

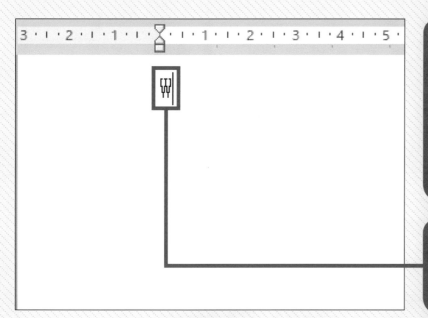

3 **Shift** キーを
押しながら
W キーを
押します

4 大文字の英字が
入力できました

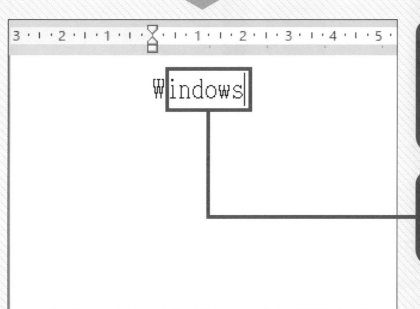

5 **I** **N** **D** **O** **W** **S**
の順に
キーを押します

6 小文字の英字が
入力できました

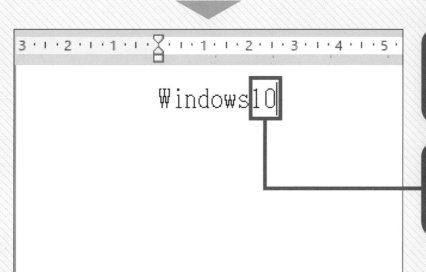

7 **1** **0** の順に
キーを押します

8 数字が
入力できました

おわり

Section 14 ひらがなを入力しよう

ひらがなを入力しましょう、ひらがなを入力するときは、入力モードを日本語入力モードに切り替えます。本書では、ローマ字入力で解説を進めます。

● 操作に迷ったときは…… キー **36** ページ 入力 **40** ページ

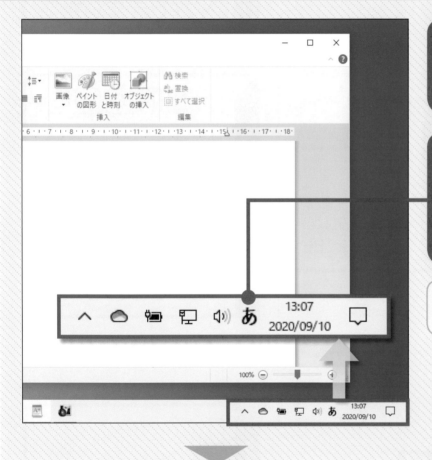

1 半角/全角 キーを押します

2 入力モードが あ に変わったことを確認します

あ が表示されているときは、日本語を入力できます

3 H U の順にキーを押します

4 「ふ」と表示されました

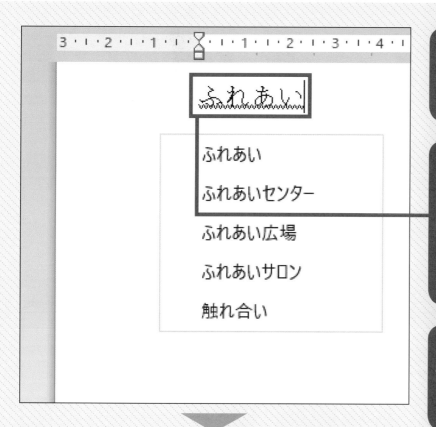

5 R E A I の順にキー押します

6 「ふれあい」と表示されました

! 下線は、入力が完了していない状態を表します

7 Enter キーを押します

Enter キーを押すまで、入力は完了していません

8 下線がなくなり、文字の入力が完了しました

おわり

 入力予測の候補について

ウィンドウズのパソコンでは、読みを入力すると、予測される入力候補が表示されます。その中に入力したい文字が表示されている場合は、選択して入力することもできます。

Section 15 カタカナを入力しよう

ひらがなの次は、カタカナを入力しましょう。最初にひらがなを入力して、それをカタカナに変換します。

●操作に迷ったときは…… キー **36** ページ　入力 **40** ページ

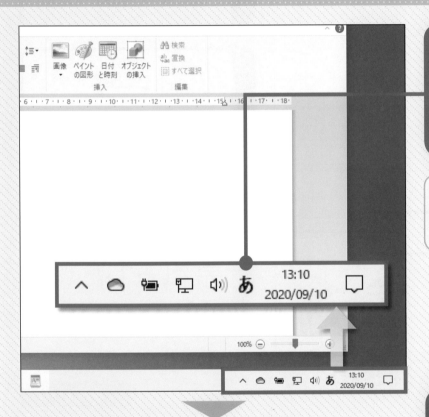

1 入力モードが **あ** になっていることを確認します

A が表示されているときは、半角/全角キーを押して **あ** に切り替えます

13:10
2020/09/10

2 IBENTO の順にキーを押します

! 「ふれあい」に続けて入力します

ふれあいいべんと

イベント
イベント青報
イベント青報を
イベントログ

3 「いべんと」と表示されました

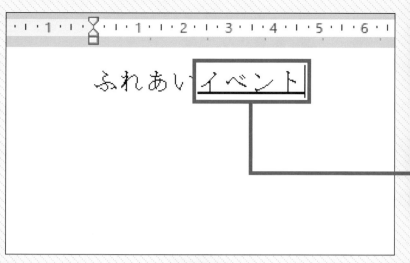

4 　スペース キーを
　　押します

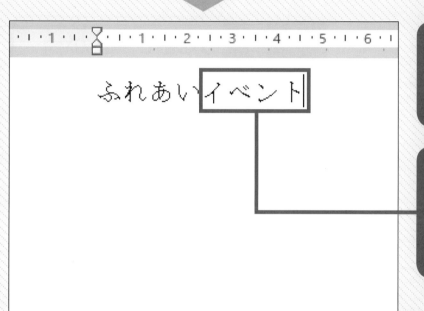

5 　カタカナに
　　変換されました

6 　エンター
　　Enter キーを
　　押します

7 　下線がなくなり、
　　文字の入力が
　　完了しました

おわり

 F7 キーでもカタカナに変換できる

スペース キーを押してもカタ
カナに変換できないときは、
入力したあと、下線が付いて
いる状態でキーボードの F7
キーを押すと、カタカナに変
換することができます。

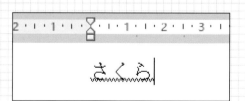

Section 16 漢字を入力しよう

漢字を入力しましょう。最初にひらがなを入力して、それを目的の漢字に変換します。一度に変換できない場合は、変換候補を表示します。

●操作に迷ったときは…… キー **36** ページ 入力 **40** ページ

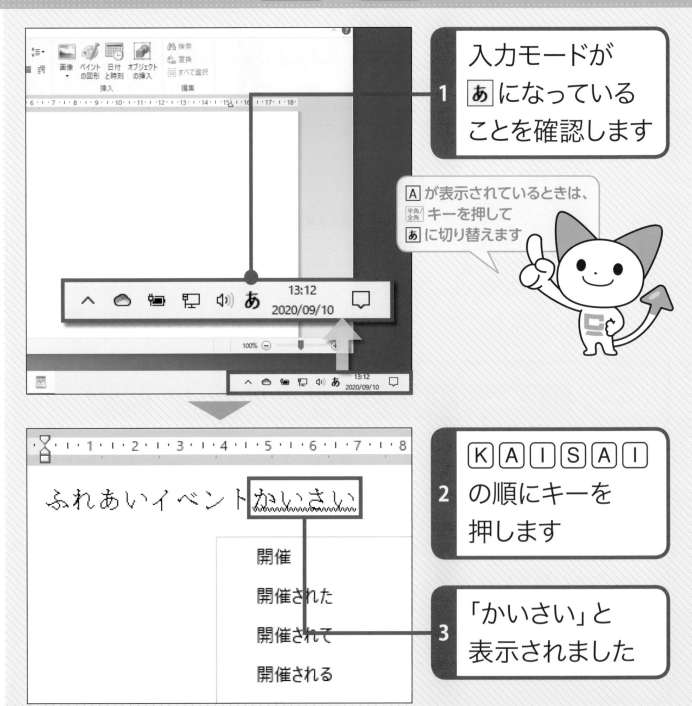

1 入力モードが **あ** になっていることを確認します

A が表示されているときは、半角/全角 キーを押して **あ** に切り替えます

2 K A I S A I の順にキーを押します

3 「かいさい」と表示されました

52

ふれあいイベント開催

4 スペース キーを押します

5 「開催」と漢字に変換されました

ふれあいイベント開催

6 エンター
Enter キーを押します

7 目的の漢字が入力できました

おわり

Column 目的の漢字に変換できないときは

ここでは、一度で目的の漢字に変換できましたが、正しく変換されなかったときは、キーボードの スペース キーを何度か押して、変換候補の一覧を表示して選択します。さらに スペース キーを押すと候補の先頭に戻ります。

イベント開催

1	快哉
2	開催
3	回債
4	快さい
5	皆済
6	解砕

Section 17 入力した文字を選択しよう

入力した文字をあとから編集したり、まとめて削除したりするときは、文字を選択します。選択の操作はよく使われるので、ここで覚えておきましょう。

●操作に迷ったときは…… 左クリック **19** ページ ドラッグ **20** ページ

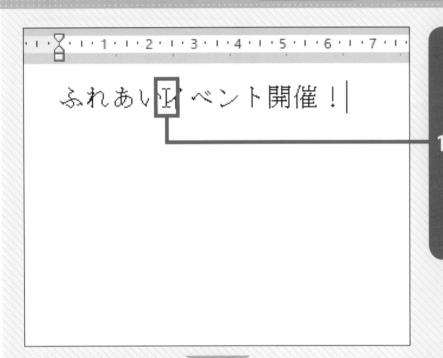

1 選択したい文字の先頭に ポインター Ⅰ を移動します

! 文字が入力できるところでは、🔓 の形が Ⅰ に変わります

2 左クリックします

3 カーソル Ⅰが「い」と「イ」の間に表示されました

! Ⅰは点滅した状態で表示されます

54

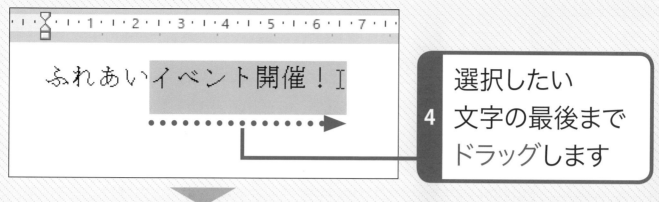

選択したい
文字の最後まで
ドラッグします

4

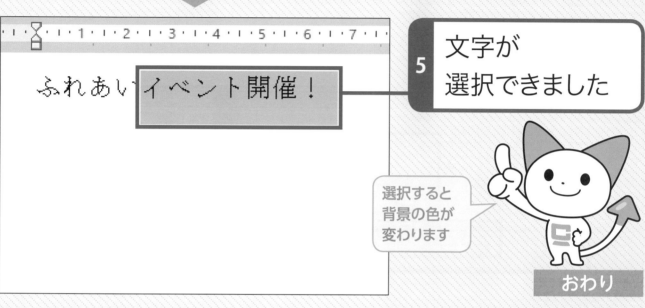

文字が
選択できました

5

選択すると
背景の色が
変わります

おわり

Column 選択を解除するには

文字の選択状態を解除するには、選択している文字
以外の場所を左クリックします。

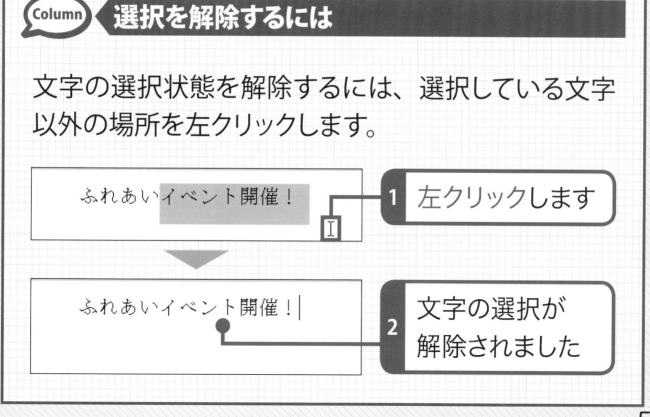

1 左クリックします

2 文字の選択が
解除されました

55

Section 18 文字をコピー／移動しよう

文字を選択して、コピーや移動をしてみましょう。ほかの場所に複製することをコピー、切り取ってほかの場所へ移すことを移動といいます。

●操作に迷ったときは…… 左クリック **19** ページ

1 コピーしたい文字を選択します

2 ホーム の コピー を左クリックします

文字を選択する方法は、54ページを参照してね

3 コピーしたい位置に I（ポインター）を移動して、左クリックします

！ ここでは、文末にコピーします

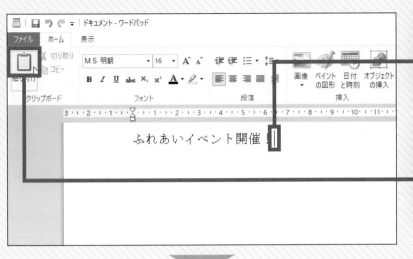

4 <ruby>カーソル<rt></rt></ruby> | が文末に表示 されました

5 ホーム の 貼り付け 📋 を 左クリックします

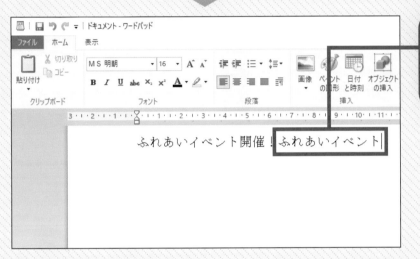

6 選択した文字が コピーされました

おわり

 選択した文字を移動するには

文字を移動するには、文字を選択して ホーム の ✂ 切り取り を左クリックします。移動したい位置にカーソルを移動して、 ホーム の 📋 を左クリックします。

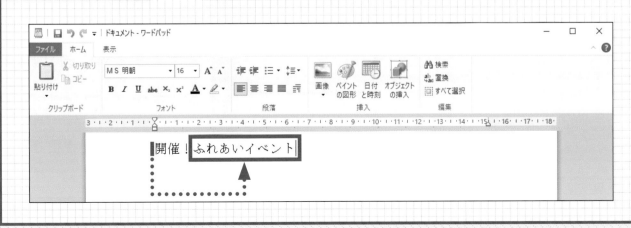

57

Section 19 好きな場所で 改行しよう

長い文章は、途中で改行する（行を変える）と読みやすくなります。文章の区切りや、見やすい位置で改行するとよいでしょう。

● 操作に迷ったときは…… 左クリック **19** ページ キー **36** ページ

1 改行したい文字の先頭に I（ポインター）を移動します

ここでは、「ト」のあとの文字を次の行に移動します

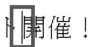

2 左クリックします

3 カーソル I が「ト」と「開」の間に表示されました

! I は点滅した状態で表示されます

58

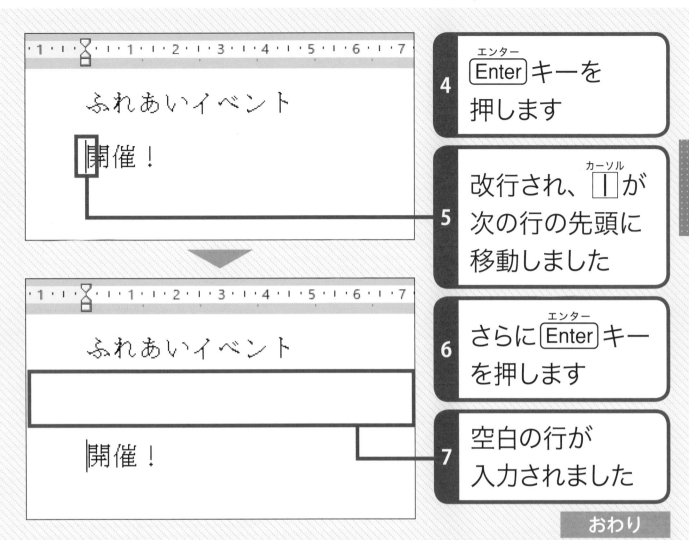

4 エンター
Enter キーを
押します

5 改行され、カーソル $\boxed{\mathrm{I}}$ が
次の行の先頭に
移動しました

6 さらに エンター
Enter キー
を押します

7 空白の行が
入力されました

おわり

Column ▶ 改行を取り消すには

改行を取り消したいときは、改行した行の先頭に $\boxed{\mathrm{I}}$ を移動して、キーボードの BackSpace キーを押します。

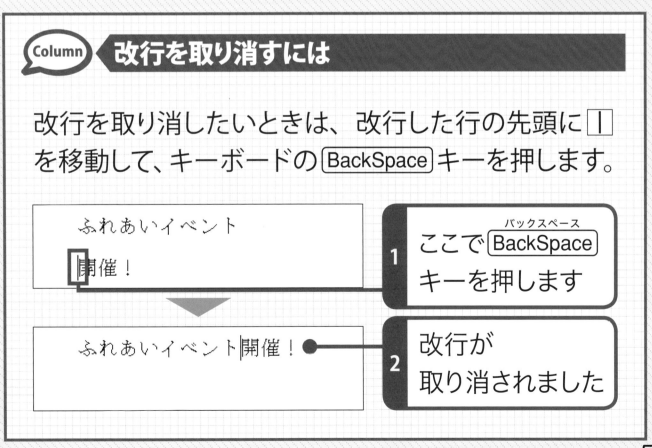

1 ここで バックスペース
BackSpace
キーを押します

2 改行が
取り消されました

Section 20 入力した文字を削除しよう

間違って文字を入力したり、入力した文字が不要になったときは、文字を削除しましょう。文字を削除するには、キーボードの Delete キーを押します。

●操作に迷ったときは……　左クリック 19 ページ　キー 36 ページ

ふれあいイベントまつり開催！

1 削除したい文字の左側に I (ポインター) を移動します

2 左クリックします

ふれあいイベントまつり開催！

3 I (カーソル) が「ま」の左側に表示されました

ここでは、「まつり」を削除します

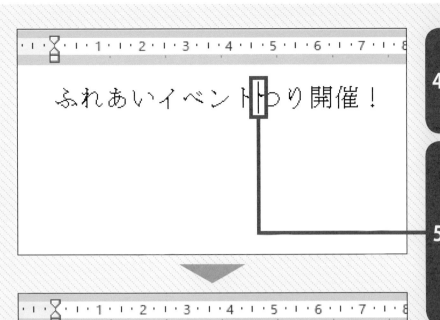

4 [Delete]デリート キーを押します

5 「ま」の文字が消えました

! [Delete]キーを押すと、|の右側の文字が消えます

6 あと2回[Delete]デリート キーを押します

7 「つり」の文字が消えました

おわり

Column **[BackSpace]キーで削除することもできる**

ここでは、[Delete]キーを使う方法を解説しましたが、キーボードの[BackSpace]キーを使って削除することもできます。[BackSpace]キーの場合は、|の左側の文字が消えます。

ふれあいイベントまつり|開催！

ふれあいイベントまつ|開催！

Section 21 文字を挿入しよう

文章の途中や、文字を削除したあとに、別の文字を入力するには、文字を挿入したい位置をクリックし、カーソルを移動してから入力します。

●操作に迷ったときは…… 左クリック **19**ページ　キー **36**ページ　入力 **40**ページ

1 文字を挿入したい位置に I を移動します

（ポインター）

ふれあいイベント開催！

2 左クリックします

3 I が先頭に表示されました

（カーソル）

！ 文字は、I が表示されている位置に挿入されます

ふれあいイベント開催！

I はキーボードの ↑↓←→ キーでも移動できますよ

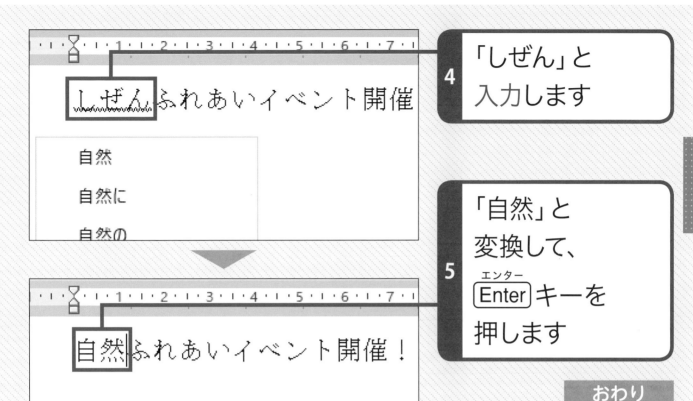

4 「しぜん」と
入力します

5 「自然」と
変換して、
エンター
Enter キーを
押します

おわり

Column **文字と文字の間を空けるには**

文字と文字の間を空けたいときは、空白の文字を入力します。空白を入れたい位置で左クリックし、キーボードの スペース キーを押します。 スペース キーを数回押すと、押した回数分の空白が入ります。

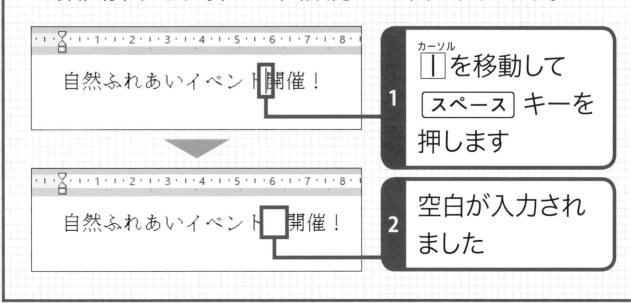

1 カーソル
｜ を移動して
スペース キーを
押します

2 空白が入力され
ました

Section 22 ファイルを保存しよう

パソコンで作成した文書をファイルとして保存しましょう。ここでは、ワードパッドで入力した文書に、わかりやすい名前を付けて保存します。

● 操作に迷ったときは……　左クリック **19** ページ　キー **36** ページ　入力 **40** ページ

保存するための画面を開こう

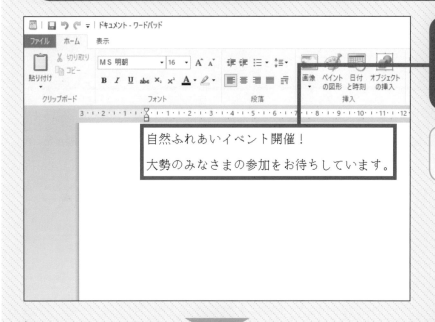

1 ワードパッドで文章を入力しました

ファイルとフォルダーについては、第7章で詳しく解説しています

2 ファイル を 左クリックします

! パソコンで作成した文書は、「ファイル」という単位で保存されます

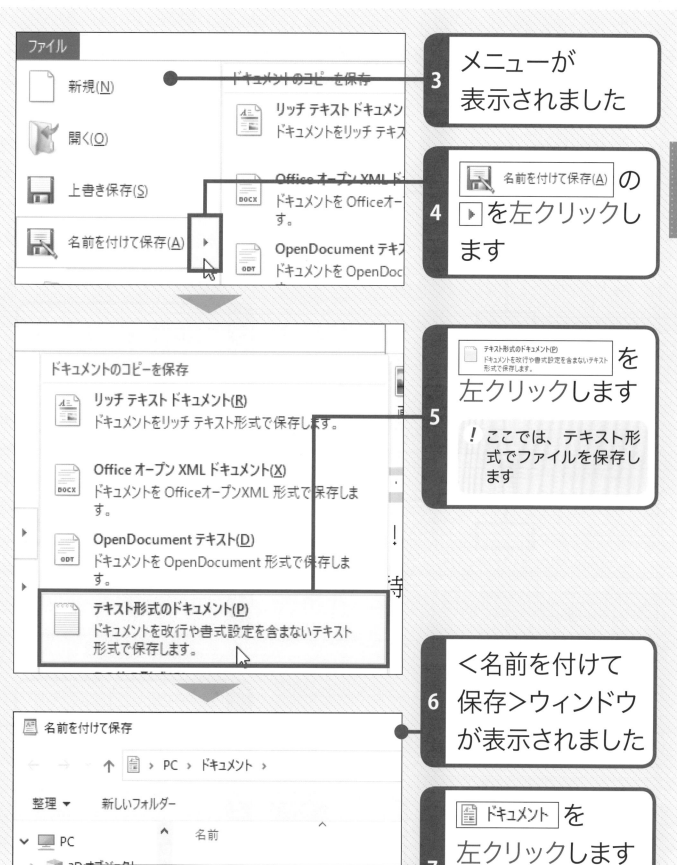

3 メニューが表示されました

4 [名前を付けて保存(A)] の ▶ を左クリックします

5 テキスト形式のドキュメント(P) ドキュメントを改行や書式設定を含まないテキスト形式で保存します。 を左クリックします

! ここでは、テキスト形式でファイルを保存します

6 <名前を付けて保存>ウィンドウが表示されました

7 ドキュメント を左クリックします

! ドキュメント は、文書を保存するための場所です

次へ

65

名前を付けて保存しよう

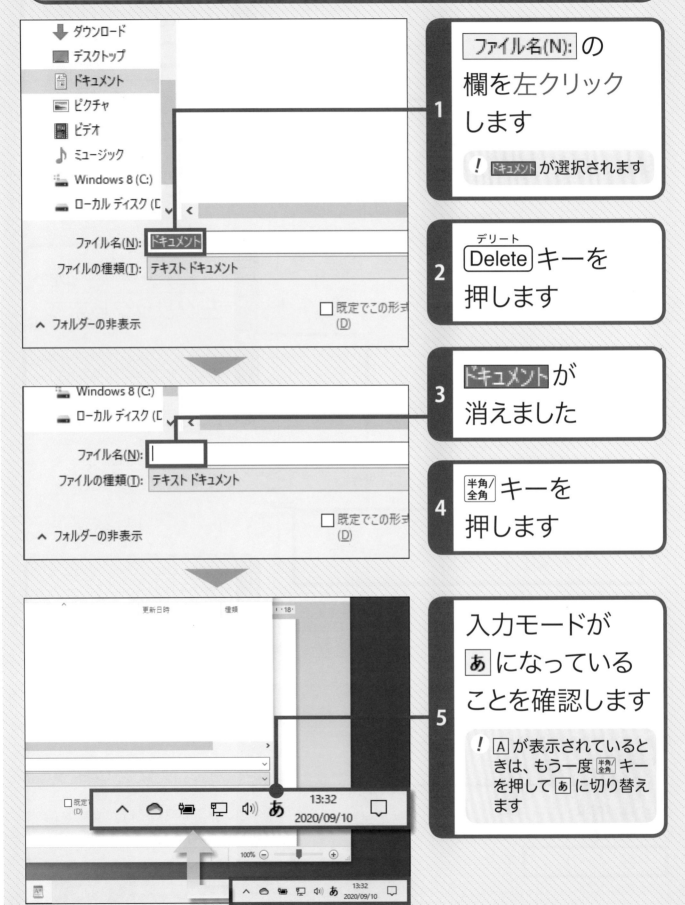

↓ ダウンロード
■ デスクトップ
📄 ドキュメント
🖼 ピクチャ
🎞 ビデオ
♪ ミュージック
💻 Windows 8 (C:)
💾 ローカル ディスク (C

ファイル名(N): ドキュメント
ファイルの種類(T): テキスト ドキュメント

□ 既定でこの形式
(D)

∧ フォルダーの非表示

1 ファイル名(N): の
欄を左クリック
します

! ドキュメント が選択されます

💻 Windows 8 (C:)
💾 ローカル ディスク (C

ファイル名(N):
ファイルの種類(T): テキスト ドキュメント

□ 既定でこの形式
(D)

∧ フォルダーの非表示

2 デリート
Delete キーを
押します

3 ドキュメント が
消えました

4 半角/全角 キーを
押します

更新日時   種類   ‥18

□ 既定で
(D)

∧ ○ 🔋 🖥 ◁)) あ 13:32
2020/09/10 💬

100% ⊖ ━━━━ ⊕

∧ ○ 🔋 🖥 ◁)) あ 13:32
2020/09/10 💬

5 入力モードが
あ になっている
ことを確認します

! A が表示されていると
きは、もう一度 半角/全角 キー
を押して あ に切り替え
ます

66

Windows 8 (C:)
ローカル ディスク (C

ファイル名(N): 練習
ファイルの種類(T): テキスト ドキュメント

□ 既定でこの形式
(D)

∧ フォルダーの非表示

6 ファイルの名前を入力します

! ここでは、「練習」と入力します

ドキュメント
ピクチャ
ビデオ
ミュージック
Windows 8 (C:)
ローカル ディスク (C

ファイル名(N): 練習
ファイルの種類(T): テキスト ドキュメント

□ 既定でこの形式で保存する
(D)

保存(S)

∧ フォルダーの非表示

7 保存(S) を左クリックします

ワードパッド

⚠ テキスト形式で保存すると、書式情報はすべて失われます。保存しますか?
別の形式で保存するには、[いいえ] をクリックしてください。

はい(Y)　　いいえ(N)

8 確認のメッセージが表示されました

9 はい(Y) を左クリックします

練習 - ワードパッド

ファイル　ホーム　表示

✂ 切り取り
コピー
貼り付け

MS 明朝　▾ 16　▾ A˄ A˅

B I U abe X₂ x² A ▾ ✎ ▾

クリップボード　　フォント

3・1・2・1・1・1・・・1・1・1・2・1・3・1・4

自然ふれあいイベン

大勢のみなさまの参

10 タイトルバーにファイルの名前が表示されました

これで、入力した文章をファイルとして保存できました

おわり

67

Section 23 ワードパッド(アプリ)を閉じよう

ワードパッドを使い終わったら、閉じましょう。保存したあとで内容を変更している場合は、保存してから閉じます。

●操作に迷ったときは…… 左クリック 19 ページ

保存したあとに内容を変更していない場合

1 閉じる ✕ に ポインター ▷ を 移動します

2 左クリックします

ファイル を左クリックして、
終了(X) を左クリックしても、
ワードパッドが閉じます

3 ワードパッドが 閉じました

保存したあとに内容を変更した場合

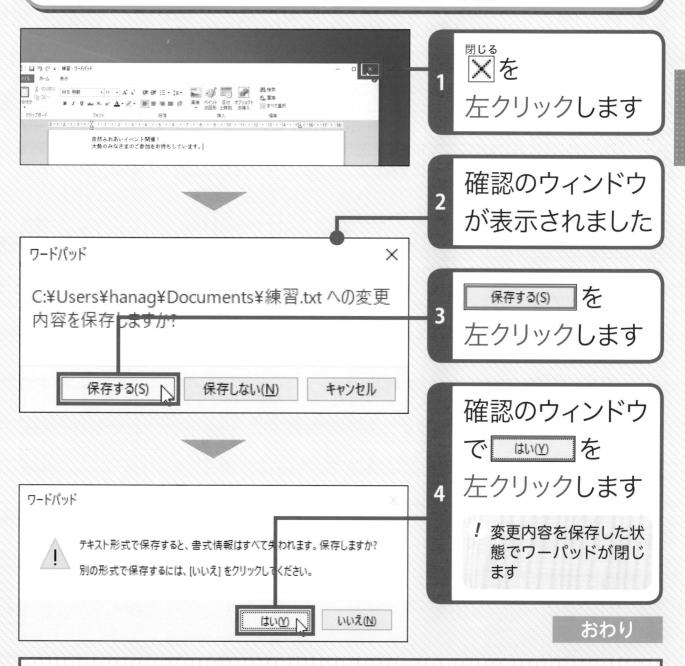

1 閉じる
×を
左クリックします

2 確認のウィンドウ
が表示されました

3 保存する(S) を
左クリックします

4 確認のウィンドウ
で はい(Y) を
左クリックします

! 変更内容を保存した状態でワーパッドが閉じます

ワードパッド ×

C:¥Users¥hanag¥Documents¥練習.txt への変更内容を保存しますか?

保存する(S)　保存しない(N)　キャンセル

ワードパッド

⚠ テキスト形式で保存すると、書式情報はすべて失われます。保存しますか?

別の形式で保存するには、[いいえ] をクリックしてください。

はい(Y)　いいえ(N)

おわり

💬Column **上書き保存してから閉じる**

内容を変更した場合は、「上書き保存」をしてから閉じてもよいでしょう。画面左上の🖫 ＜上書き保存＞を左クリックして、手順**4**のウィンドウで はい(Y) を左クリックします。

インターネットを
はじめよう

インターネットを楽しむための基本を知ることができます。ホームページを開き、別のページに移動したり、文字を拡大して見やすくしたりすることができます。また、ホームページを探す方法や、お気に入りに登録する方法、ホームページを印刷する方法も覚えましょう。

この章でできるようになること

ホームページを見ることができます！ ▶72〜79ページ

ブラウザーを開いて
ホームページを見る方法や、
ブラウザーの画面の
しくみを解説します

いろいろなページに移動できます！ ▶80〜89ページ

ページを移動したり、キーワードを入力して検索したり、
お気に入りに登録したりする方法を覚えましょう

ホームページを印刷できます！ ▶90ページ

ホームページを印刷すると、
持ち歩いて読んだり、
人に見せたりすることが
できて便利です

Section 24 インターネットに つなげるには

「インターネット」は、世界中のパソコンとパソコンをつないで情報を交換するための巨大なネットワークです。はじめに、インターネット接続に必要なものと、インターネットに接続する方法を確認しましょう。

インターネットに接続するには

パソコンをインターネットに接続するには、通常、プロバイダーと呼ばれる接続業者との契約が必要です。プロバイダーと契約すると、接続機器が送られてくるので、機器とパソコンをケーブルで接続し、インターネットを利用できるようにパソコンを設定します。

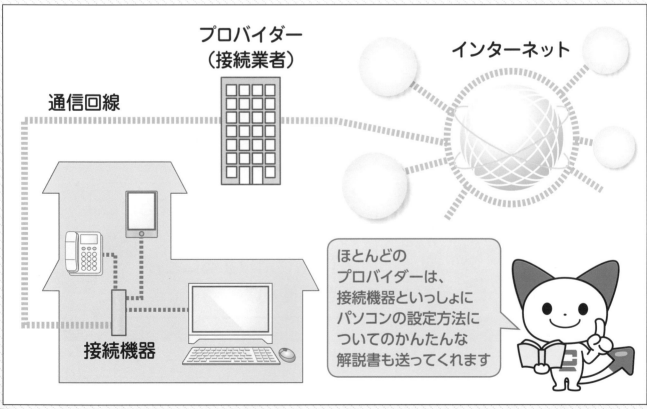

プロバイダー（接続業者）

インターネット

通信回線

接続機器

ほとんどのプロバイダーは、接続機器といっしょにパソコンの設定方法についてのかんたんな解説書も送ってくれます

インターネットがつながらない場合は

インターネットに接続するための設定が難しかったり、設定はしたが、つながらないという場合は、契約したプロバイダーに相談したり、パソコンを購入した販売店やお近くの電気店に相談したりするとよいでしょう。
プロバイダーによっては、希望者に有償で、接続や設定をしてくれるところもあります。

困ったなぁ…

ホームページを見るには

インターネットを利用できるようにパソコンを設定したら、インターネットに接続してホームページを見てみましょう。
ホームページを見るには、「ブラウザー」と呼ばれるアプリを利用します。本書では、ウィンドウズに最初から入っているマイクロソフトエッジを利用します。

マイクロソフトエッジを利用して、インターネットに接続します

おわり

73

Section 25 ホームページを見る準備をしよう

ホームページを見るために、マイクロソフトエッジを開いてみましょう。タスクバーとスタートメニューから開くことができます。

● 操作に迷ったときは…… 左クリック **19** ページ

タスクバーから開こう

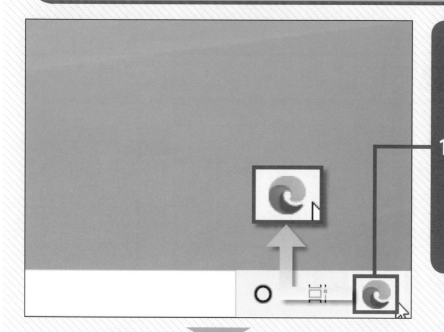

タスクバーの
マイクロソフトエッジ
 を
1 左クリックします

! ホームページを見るには、パソコンがインターネットに接続されている必要があります

2 マイクロソフトエッジが開きました

タスクバーに 🌙 がない場合は、右ページの方法で開きましょう

スタートメニューから開こう

1 スタート
⊞ を
左クリックします

2 マイクロソフトエッジ
● を
左クリックします

3 マイクロソフト
エッジが
開きました

4 閉じるときは、
閉じる
⊠ を
左クリックします

おわり

💬 Column マイクロソフトエッジの画面

マイクロソフトエッジを開いたときの画面はパソコンによって異なります。右のような画面が表示された場合は、画面を下方向に移動すると、上図のように表示されます。

Section 26 ブラウザーの画面を知ろう

ホームページを見るのに必要な画面のしくみを覚えましょう。ここでは、マイクロソフトエッジの画面各部の名称と役割を確認します。ブラウザーを操作するための機能は、画面上部に表示されています。

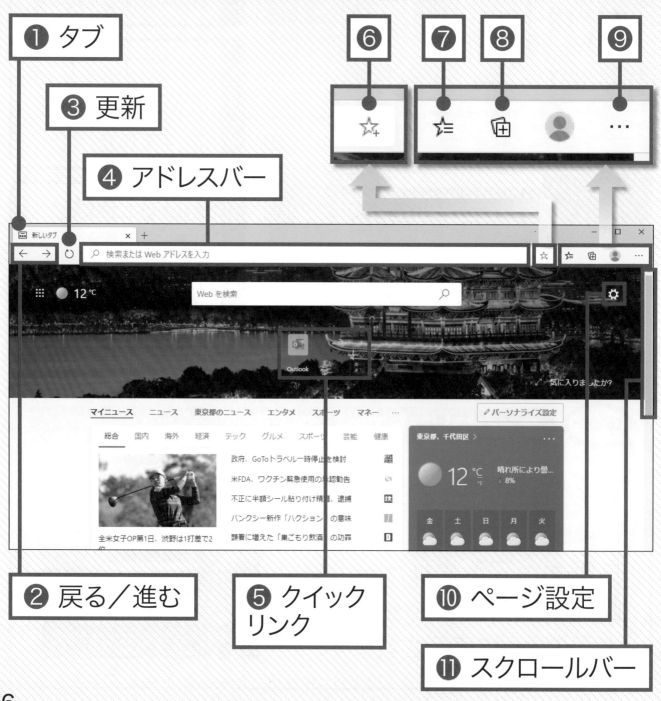

① タブ
③ 更新
④ アドレスバー
⑥ ⑦ ⑧ ⑨
② 戻る／進む
⑤ クイックリンク
⑩ ページ設定
⑪ スクロールバー

❶ タブ
複数のページを切り替えて表示するときに利用します。

❷ 戻る／進む
⬅（戻る）は直前に見ていたページに戻ります。➡（進む）は⬅（戻る）を左クリックする前に見ていたページへ移動します。

❸ 更新
表示しているホームページを最新の状態にします。

❹ アドレスバー
アドレス（住所）を入力してホームページを表示したり、キーワードを入力してホームページを検索したりします。

❺ クイックリンク
よく見るホームページへのリンクが表示されます。▲を左クリックすると、非表示になります。

❻ このページをお気に入りに追加
よく見るホームページを登録します。

❼ お気に入り
お気に入りを表示したり管理したりします。

❽ コレクション
ページや画像、一部のテキストなどを登録できます。

❾ 設定など
ホームページの印刷や、マイクロソフトエッジの設定などの画面を表示します。

❿ ページ設定
ホームページの見た目を変更できます。

⓫ スクロールバー
画面に収まり切らない部分がある場合に、バーを上下にドラッグして、隠れている部分を表示します。

おわり

Section 27 アドレスを入力してホームページを表示しよう

ホームページには、個別の「アドレス」(住所) があります。アドレスがわかっている場合は、アドレスを入力してホームページを表示できます。

● 操作に迷ったときは…… 左クリック **19** ページ キー **36** ページ 入力 **40** ページ

1 アドレスバーを
左クリックします

2 半角/全角 キーを
押します

! 入力モードが A になっていることを確認します

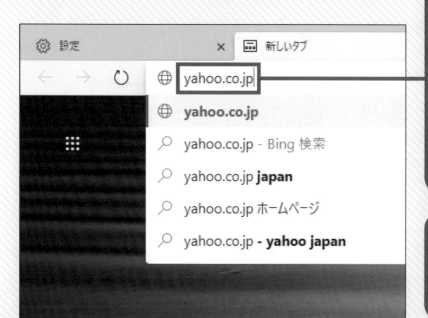

3 ホームページの
アドレスを
入力します

! ここでは、
「yahoo.co.jp」と入力します

4 エンター
Enter キーを
押します

78

 Column ほかのアドレスを入力する

アドレスバーにアドレスが表示されている場合は、左クリックしてアドレスを選択した状態にして、新しいアドレスを入力します。ここでは、Google（グーグル）のアドレス（google.co.jp）を入力し直してみましょう。

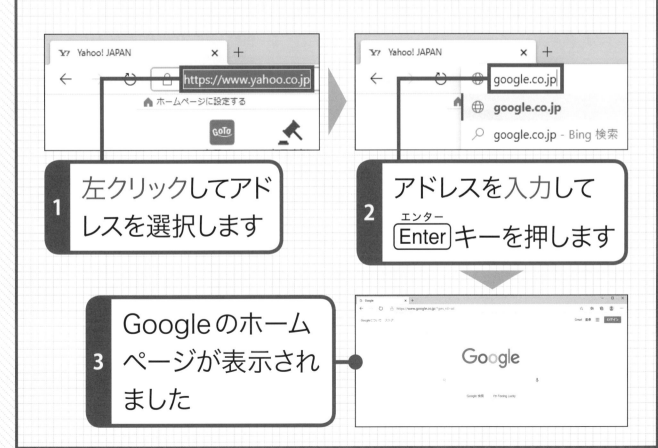

1 左クリックしてアドレスを選択します

2 アドレスを入力してEnterキーを押します
エンター

3 Googleのホームページが表示されました

Section 28 別のページに 移動しよう

ホームページには、別のホームページに移動するための機能（リンク）があります。リンクを左クリックすると、別のページに移動できます。

●操作に迷ったときは…… 左クリック **19** ページ

1 ホームページの 中で見たい 項目を探します

ポインター

2 🔾 の形が 🖑 に 変わる場所で 左クリックします

！ ここでは、「スポーツ」のページに移動します

3 スポーツの 一覧ページが 表示されました

4 詳しく読みたい 記事を左クリック します

5 クリックした記事のページに移動しました

6 前のページに戻るには、を左クリックします

！ 下のColumnを参照してください

おわり

Column ＜戻る＞と＜進む＞のしくみ

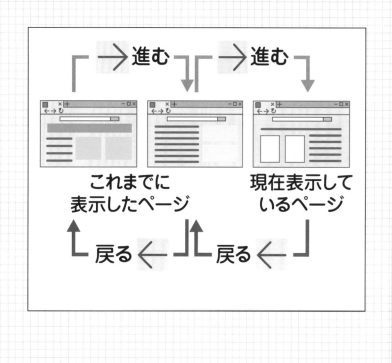

←を左クリックすると、直前に見ていたページに1つずつ戻ることができます。また、→を左クリックすると、←を左クリックする前に見ていたページへ移動します。

→ 進む　→ 進む

これまでに表示したページ　現在表示しているページ

戻る ←　戻る ←

81

Section 29 下側に隠れている部分を見よう

ホームページが縦に長い場合は、一度に表示することができません。スクロールバーを使うと、下側に隠れている部分を見ることができます。

●操作に迷ったときは…… ドラッグ **20** ページ

ポインター
1 ⟲ を スクロールバーに 移動します

2 スクロールバーを 下方向に ドラッグします

ホームページがウィンドウの大きさに収まる場合は、スクロールバーは表示されません

3 ドラッグした 分だけ、 画面が下方向に 移動しました

4 スクロールバーを
上方向に
ドラッグします

5 ドラッグした
分だけ、
画面が上方向に
移動しました

おわり

 マウスのホイールを利用する

マウスのホイールを利用しても、画面をスクロールすることができます。ホイールを手前に回すと下方向に、奥に回すと上方向に移動します。

Section 30 表示される文字を 大きくしよう

ホームページによっては、文字サイズが小さくて読みづらい場合があります。
自分の読みやすい大きさに拡大しましょう。

● 操作に迷ったときは…… 左クリック **19** ページ

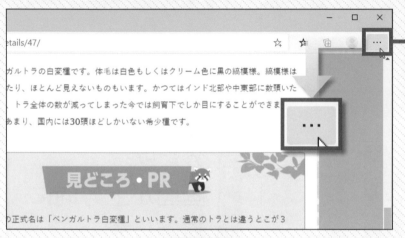

1 設定など **⋯** を 左クリックします

2 メニューが 表示されました

3 拡大 **+** を 左クリックします

− を左クリックすると、 文字サイズが小さくなります

84

4

文字サイズが
「110%」に
拡大されました

! 左クリックするごとに、
拡大率が上がります

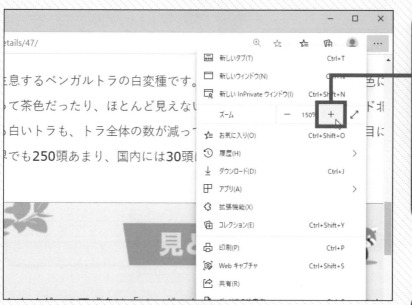

5

読みやすい大きさ
になるまで ⊞(拡大)を
左クリックします

! ここでは、あと2回左
クリックしています

6

画面内を
左クリックします

! メニューが閉じます

7

文字サイズが
150%に
拡大されました

おわり

Section 31 検索して ホームページを探そう

見たいホームページのアドレス（住所）がわからないときは、ホームページ に関連するキーワード（単語）を入力して検索しましょう。

● 操作に迷ったときは…… 左クリック **19** ページ　キー **36** ページ　入力 **40** ページ

1 アドレスバーを 左クリックします

2 半角/全角 キーを 押します

! 入力モードが あ になっ ていることを確認し ます

3 キーワードを 入力します

! ここでは、「技術評論 社」と入力します

4 エンター Enter キーを 押します

検索結果が
表示されました

5

! 入力したキーワードに
関するホームページの
一覧が表示されます

表示したい
タイトルを
左クリックします

6

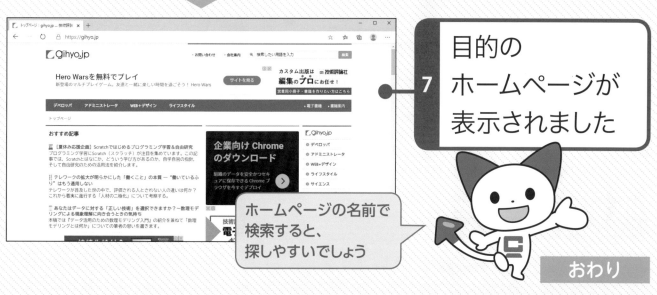

目的の
ホームページが
表示されました

7

ホームページの名前で
検索すると、
探しやすいでしょう

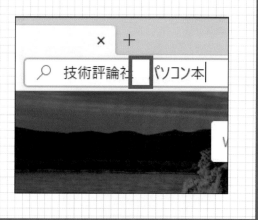

おわり

 複数のキーワードを指定する

キーワードを複数指定すると、
絞り込みができ、目的のペー
ジを探しやすくなります。キー
ワードの間にスペース（空白）
を入れます。

Section 32 お気に入りに登録しよう

よく見るホームページはお気に入りに登録しておきましょう。見たいときに
すぐに表示することができるので便利です。

●操作に迷ったときは…… 左クリック **19** ページ

1 お気に入りに
登録したい
ホームページを
表示します

2 このページをお気に入りに追加 を
左クリックします

3 メニューが
表示されました

4 お気に入りの
ページに付ける
名前を確認します

！ 新しい名前を入力する
こともできます

5 　完了 を
左クリックします

! 　お気に入りバー を左クリッ
クすると、保存する場
所を選べます

お気に入り
6 　☆≡ を
左クリックします

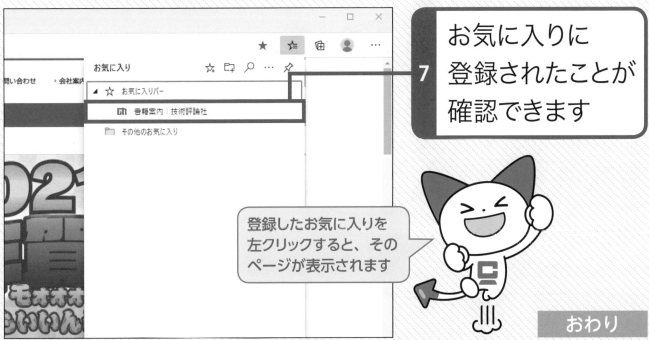

7 　お気に入りに
登録されたことが
確認できます

登録したお気に入りを
左クリックすると、その
ページが表示されます

おわり

Section 33 ホームページを印刷しよう

ホームページを印刷するには、プリンターと用紙を準備し、印刷状態を事前に確認します。印刷の向きや部数などを設定して、印刷を実行しましょう。

● 操作に迷ったときは…… 左クリック **19** ページ ドラッグ **20** ページ

印刷に必要なものを準備しよう

ホームページを印刷するには、プリンターと印刷に使用する用紙が必要です。プリンターと用紙を準備したら、パソコンの電源を入れた状態で、プリンターとパソコンをUSBケーブルで接続します。プリンターによっては、無線 (Wi-Fi) で接続できるものもあります。

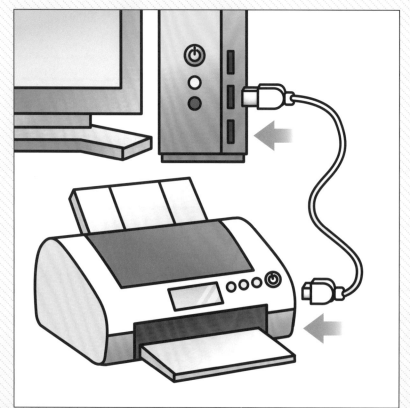

プリンターとパソコンを接続する方法については、お使いのプリンターの取扱説明書を確認してください

プリンターを使えるようにしよう

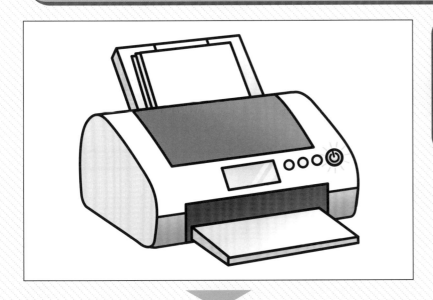

1 用紙をセットして、プリンターの電源を入れます

デバイスのセットアップ
'USB Printer' をセットアップしています。

2 プリンターのセットアップが自動的に行われます

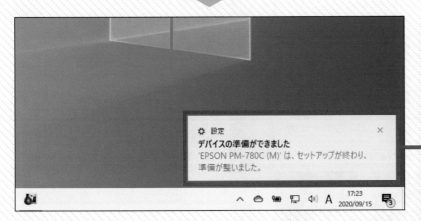

デバイスの準備ができました
'EPSON PM-780C (M)' は、セットアップが終わり、準備が整いました。

3 セットアップが終わり、プリンターが使えるようになりました

! 次回以降は、手順❷、❸のメッセージは表示されません

プリンターによっては、付属しているCDからアプリをインストールする必要がある場合もあります。プリンターの取り扱い説明書を参照してください

次へ

3章

インターネットをはじめよう

印刷した状態を事前に確認しよう

1 印刷したい
ホームページを
表示します

2 設定など
... を
左クリックします

3 メニューが
表示されました

4 🖶 印刷(P) を
左クリックします

5 印刷の
設定画面が
表示されました

! 画面に表示される内容
は、使用するプリンター
によって異なります

6 プリンター の名前を
左クリックして、
使用するプリン
ターを選択します

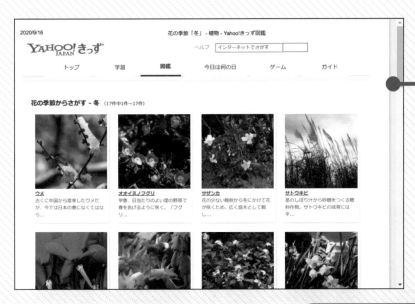

7 印刷プレビューで印刷した状態を確認します

印刷プレビューは、プリンターで印刷した状態を事前に確認するものです

次へ

Column ページが複数にわたる場合は

ホームページが複数のページにわたって印刷される場合は、印刷プレビューの右に表示されるスクロールバーをドラッグするか、マウスのホイールを利用します（82～83ページ参照）。

印刷を実行しよう

1 93ページの印刷プレビューの状態から続けて操作します

2 印刷 を左クリックします

3 ホームページが印刷されました

印刷プレビューで表示されているとおりに印刷されます

おわり

印刷の部数や向きなどを設定する

印刷プレビュー画面では、印刷の部数や向き、ペー
ジ範囲、カラー／白黒印刷などを設定することができ
ます。用紙サイズや拡大／縮小率などを変更したい
場合は、 その他の設定 を左クリックします。

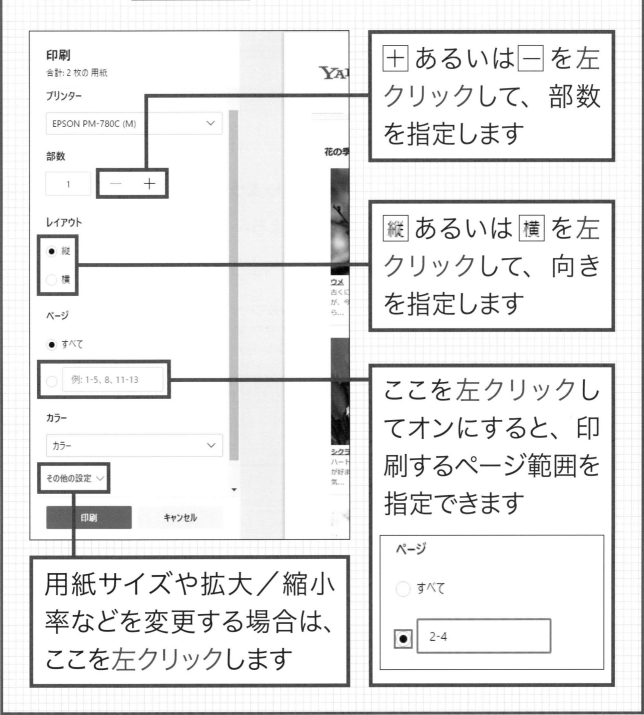

+ あるいは − を左
クリックして、部数
を指定します

縦 あるいは 横 を左
クリックして、向き
を指定します

ここを左クリックし
てオンにすると、印
刷するページ範囲を
指定できます

用紙サイズや拡大／縮小
率などを変更する場合は、
ここを左クリックします

第4章 便利なホームページを活用しよう

ホームページを利用すると、さまざまな情報を入手できます。生活に役立つニュースや天気予報は最新の情報が配信されています。また、地図では目的地の情報や経路を調べることができます。そのほか、動画やラジオなどのサービスを活用してみましょう。

この章でできるようになること

ニュースなどの情報を見ることができます！ ▶98〜103ページ

ニュースや天気予報、番組表など、さまざまな情報ページを見る方法を解説します

地図を活用することができます！ ▶104〜115ページ

目的地の検索や経路の確認、お店の情報、電車の乗り換え案内を調べる方法を覚えましょう

動画やラジオを視聴できます！ ▶116〜121ページ

パソコンで動画やラジオを視聴することもできますよ

Section 34 ニュースを見よう

ホームページからニュースページを開いて、国内外さまざまな分野のニュースを読むことができます。ここでは、Yahoo!ニュースを利用します。

● 操作に迷ったときは…… 左クリック **19** ページ

Yahoo!のニュースページを開こう

1 78ページの方法で Yahoo!の ホームページを 表示します

2 ニュース を 左クリックします

ニュースは、Yahoo!のトップ ページにも表示されています

3 ニュースの ページが 表示されました

気になるニュースを見よう

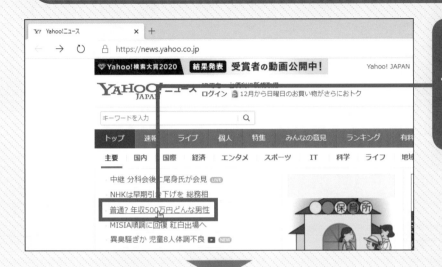

1 気になるニュース
の見出しを
左クリックします

2 ニュースの内容が
表示されました

3 ジャンルを
左クリックします

! ここでは＜スポーツ＞
を選択します

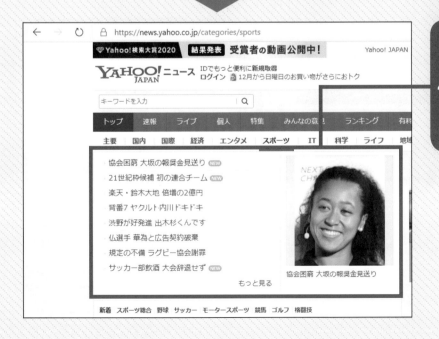

4 スポーツの
ニュース一覧が
表示されました

おわり

Section 35 天気予報を見よう

いろいろな地域の天気予報や防災情報を見ることができます。ここでは、Yahoo!天気・災害を利用します。

● 操作に迷ったときは…… 左クリック 19 ページ

Yahoo!の天気・災害ページを開こう

1 78ページの方法で Yahoo!の ホームページを 表示します

2 天気・災害 を 左クリックします

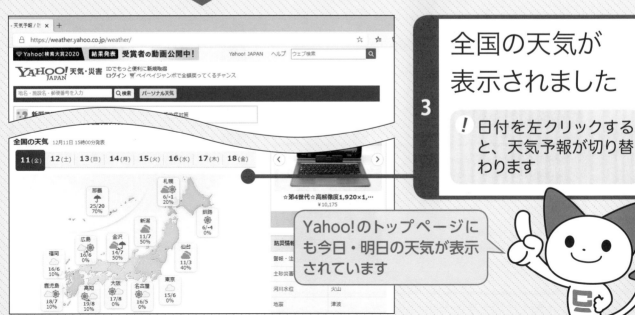

3 全国の天気が 表示されました

! 日付を左クリックする と、天気予報が切り替 わります

Yahoo!のトップページに も今日・明日の天気が表示 されています

地域の天気予報を見よう

1 画面の下方に移動して、都道府県の一覧を表示します

2 調べたい地域を左クリックします

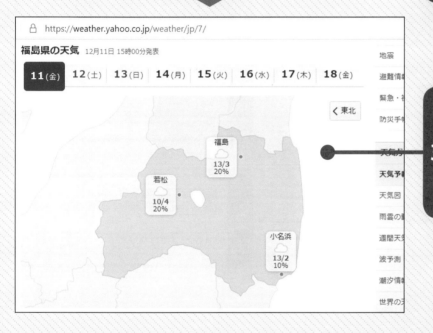

3 指定した地域の天気予報が表示されました

おわり

 関連する情報を見るには

画面の右側に、防災情報や天気情報がまとめられています。左クリックすると、各情報を見ることができます。

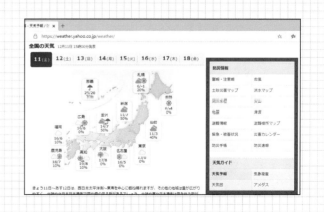

Section 36 テレビの番組表を見よう

パソコンでテレビの番組表を見ることができます。日付や時間帯を指定して、各チャンネルを調べられます。ここでは、Yahoo!のテレビ番組表を利用します。

●操作に迷ったときは…… 左クリック 19ページ

1 78ページの方法でYahoo!のホームページを表示します

2 ■ テレビ を左クリックします

3 テレビのページが表示されました

4 テレビ番組表 を左クリックします

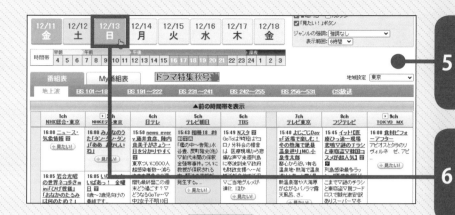

5 テレビ番組表が表示されました

6 見たい日付を左クリックします

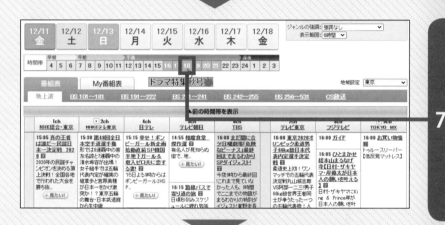

7 見たい時間帯を左クリックします

> ！ BSやCS放送に切り替えるには、地上波の右側の見出しを左クリックします

8 見たい日時の番組表が表示されました

9 見たい番組を左クリックします

10 番組の情報が表示されました

おわり

Section 37 地図を表示しよう

地図を表示して、目的地を検索してみましょう。地図の表示は、拡大／縮小したりして見やすいように変更できます。ここでは、Googleマップを利用します。

● 操作に迷ったときは…… 左クリック **19** ページ ドラッグ **20** ページ 入力 **40** ページ

Googleマップで目的の場所を検索しよう

1 Googleの
トップページを
表示します

! Googleのアドレスは
「google.co.jp」です

Googleアプリ
2 ⊞ を
左クリックします

3 メニューが
表示されました

マップ
4 📍 を
左クリックします

Googleマップが
表示されました

5

! 最初に表示される地図
は、パソコンの設置住
所などによって異なり
ます

検索ボックスを
左クリックします

6

検索したい場所を
入力します

7

! ここでは「東武動物公
園」と入力しています

エンター
Enter キーを
押します

8

検索場所の
地図と情報が
表示されました

9

次へ

地図を移動しよう

1 地図上を
ドラッグします

> ! ドラッグするとポインターの形が ✥ になります

2 地図の表示位置が移動しました

3 情報ウィンドウがじゃまな場合は、
サイドパネルを折りたたむ
◀ を
左クリックします

4 情報ウィンドウが非表示になりました

> ! 再度表示するには ▶ を左クリックします

地図を拡大／縮小しよう

1 画面右下の ➕（ズーム）を左クリックします

> ！ マウスのホイールを前後に動かしても、拡大／縮小できます

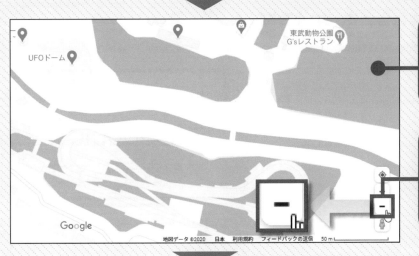

2 地図が拡大表示されました

3 ➖（ズーム）を2回左クリックします

4 地図がもとの表示より縮小されました

➕ や ➖ にポインターを合わせて スライダを表示 を左クリックすると、ズームスライダが表示されます。スライダを上下にドラッグしても拡大／縮小できます

おわり

107

Section 38 目的地までの経路を確認しよう

地図を使って、目的地までの経路を調べることができます。ルート検索では、車、徒歩、電車などの移動手段に合わせて、地図上に経路が示されます。

● 操作に迷ったときは…… 左クリック **19** ページ　入力 **40** ページ

Google マップでルートを検索しよう

1 104ページの方法でGoogleマップを表示します

2 検索ボックスに目的地を入力して、⬚を左クリックします

! ここでは「彫刻の森美術館」と入力します

3 検索ウィンドウが表示されました

4 移動手段（ここでは🚗）を左クリックします

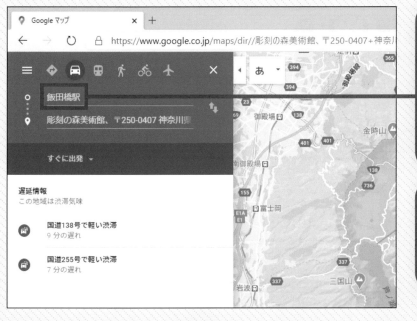

出発地を入力します

5

! ここでは「飯田橋駅」と入力します

エンター[Enter]キーを押します

6

ルートが表示されました

7

! 複数のルートがある場合は、最適なルートが青色で、ほかは灰色で表示されます

次へ

4
章

便利なホームページを活用しよう

Column **オプションの設定**

検索ウィンドウの オプションを表示 を左クリックすると、高速道路を使わないなどの設定をすることができます。 閉じる を左クリックすると、オプション画面が閉じます。

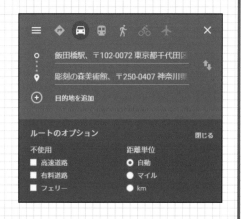

電車のルートを確認しよう

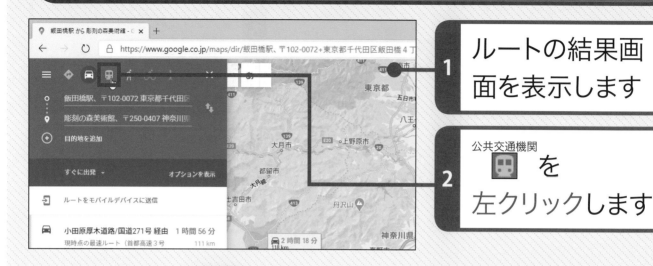

1 ルートの結果画面を表示します

2 公共交通機関
   [🚃] を
   左クリックします

3 電車でのルートが表示されました

4 [詳細] を
   左クリックします

5 詳細情報が表示されました

   戻る
6 [←]を左クリックして、もとの画面に戻ります

出発日時を指定して検索しよう

1 すぐに出発 ▾ を
左クリックします

2 出発時刻 を
左クリックします

! 到着時刻 で検索すると、
その時刻に着く行程が
検索されます

3 時刻をクリックし
て、出発時刻を
指定します

4 日付をクリックし
て、出発日を
指定します

5 指定した日時で
ルートが
再検索されます

おわり

Section 39 近くのお店の情報を調べよう

目的地周辺の情報は、事前に調べておくと便利です。特に食事するお店などは、場所だけでなく、店内の様子などもわかっていると安心です。

●操作に迷ったときは…… 　左クリック **19** ページ　　ドラッグ **20** ページ　　入力 **40** ページ

1 104ページの方法でGoogleマップを表示します

2 検索ボックスに目的地と業態を入力し Enter キーます

> ！ ここでは「鎌倉　日本料理」と入力します

3 地図と結果画面が表示されました

4 地図上のお店を左クリックします

5 お店の情報が
表示されました

結果画面の一覧からお店を
選んでも、情報が表示され
ます

6 下へドラッグする
と、写真や口コミ
などの情報が表示
されます

7 戻る
← を左クリックす
ると、もとの一覧
に戻ります

！ 検索ウィンドウを閉じ
るには、⊠ を左クリッ
クします

おわり

113

Section 40 電車の乗り換え案内を調べよう

電車で遠出するときは、乗り換えを調べておくとよいでしょう。乗り換え案内のサービスはたくさんありますが、ここでは Yahoo! 路線情報を利用します。

● 操作に迷ったときは…… [左クリック **19** ページ] [入力 **40** ページ]

1 78ページの方法でYahoo!のトップページを表示します

2 路線情報 を左クリックします

3 路線情報のページが表示されました

4 出発 と 到着 に目的の駅名(「秋葉原」「川越」)を入力します

5
出発する日付と
時刻を✔を
左クリックして
選びます

> ！ ◎到着 を左クリックす
> ると、その時刻に着く
> ルートが検索されます

6
検索 を
左クリックします

7
検索結果が表示
されました

8
希望するルートを
左クリックします

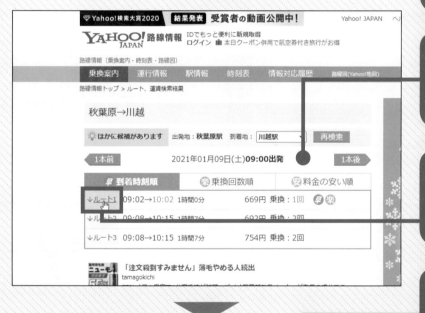

9
乗り換えの詳細が
表示されました

> 手順5の画面でそのほか
> の条件も指定すると、検
> 索結果を絞り込めますよ

おわり

Section 41 ユーチューブで動画を見よう

インターネット上ではさまざまなジャンルの動画を見ることができます。ここでは、ユーチューブを利用して動画を見てみましょう。

● 操作に迷ったときは…… 左クリック **19** ページ　ドラッグ **20** ページ　入力 **40** ページ

ユーチューブ（YouTube）を開こう

1 アドレスバーに「youtube.com」と入力して、[Enter]（エンター）キーを押します

YouTubeは、Googleのトップページから表示することもできます（104ページ参照）

2 YouTubeが表示されました

動画を検索しよう

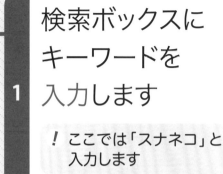

1 検索ボックスに
キーワードを
入力します

!ここでは「スナネコ」と
入力します

2 $\boxed{Enter}$ キーを
押します

<small>エンター</small>

3 動画が
検索されました

4 ドラッグして、
見たい動画を
探します

次へ

4章

便利なホームページを活用しよう

動画を再生しよう

1 見たい動画を
左クリックします

> ! タイトル部分を左ク
> リックしても再生され
> ます

2 画面表示が変わ
り、自動的に動画
が再生されます

> 画面上を左クリックすると、
> 動画が停止します

3 画面上に ➤ を
移動すると、
操作バーが表示
されます

> ! 操作バーに表示される
> 項目は、再生する動画
> によって異なります。

動画再生画面を確認しよう

⑦ シアターモード

② 次へ　**④ シークバー**　**⑤ 設定**

③ 音量／ミュート　**⑥ ミニプレーヤー**

❶ 一時停止／再生　**⑧ 全画面**

❶ 一時停止／再生
■ を左クリックすると停止、
▶ で再生します。

❷ 次へ
関連する動画が順に再生されます。

❸ 音量／ミュート
音量を調整します。

❹ シークバー
動画の再生時点とサムネイルを表示します。

❺ 設定
画質などの設定をします。

❻ ミニプレーヤー
縮小版の画面表示になります。■ を左クリックすると、もとの表示に戻ります。

❼ シアターモード
横長の画面表示になります。■ を左クリックすると、もとの表示に戻ります。

❽ 全画面
全画面の表示になります。■ を左クリックするか、ESC キーを押すと、もとの表示に戻ります。

おわり

119

Section 42 パソコンでラジオを聴こう

パソコンでもラジオを聴くことができます。ここでは、「ラジコ（radiko）」というサービスを利用します。ラジオ番組を選んで聴いてみましょう。

●操作に迷ったときは…… 左クリック **19** ページ 入力 **40** ページ

ラジコを開こう

1 アドレスに「radiko.jp」と入力して、[Enter]キーを押します

2 ラジコのページが表示されました

! 利用規約の画面が表示された場合は、＜承諾してradikoを利用する＞を左クリックします

3 ラジオ局を左クリックすると、リアルタイムの番組を再生できます

🕐 タイムフリー を左クリックすると、過去1週間以内の番組を聴くことができます

ラジオ番組を選んで聴こう

1 番組表 を
左クリックします

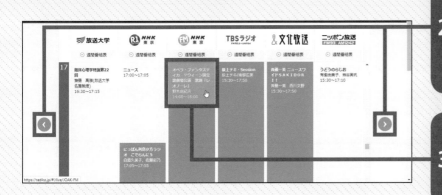

2 ◀ や ▶ を左ク
リックして、ラジ
オ局を選びます

3 聴きたい番組を
左クリックします

4 ▶ 再生する を
左クリックします

5 ラジオ番組が
再生されました

6 終了するには
⏸ 停止する を
左クリックします

おわり

第5章

スマホやデジカメの写真を楽しもう

スマートフォン（スマホ）やデジタルカメラ（デジカメ）の写真は、パソコンに取り込むことができます。取り込んだ写真をスライドショーで見たり、デスクトップの壁紙にしたりして楽しみましょう。また、写真を印刷する方法や、DVDやUSBメモリーに保存する方法も覚えましょう。

この章でできるようになること

パソコンでスマホの写真を見ましょう！ ▶124〜137ページ

パソコンにスマホや
デジカメの写真を
取り込んで見る方法や、
写真の回転、削除など、
覚えておくと便利な
操作を解説します

写真の修整や印刷ができます！ ▶138〜145ページ

写真をアルバムに整
理したり、修整した
り、印刷したりする
方法を覚えましょう

写真をDVDやUSBに保存できます！ ▶146〜151ページ

写真をDVDやUSBメモリーに
保存すると、遠くにいる
家族や友達に見てもらうことも
できますよ

Section 43 パソコンに写真を取り込もう

スマホやデジカメの写真をパソコンに取り込むには、USBケーブルでパソコンと接続します。ここでは、「フォト」アプリで取り込みます。

●操作に迷ったときは…… 左クリック **19** ページ　タップ **21** ページ

スマホの写真を取り込む準備をしよう

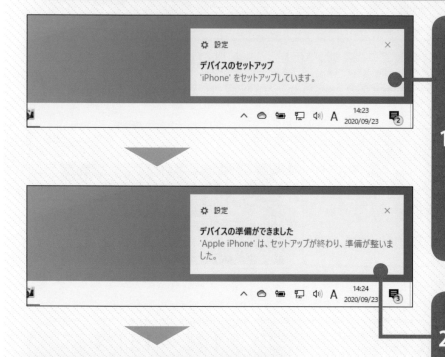

1　スマホをUSBケーブルでパソコンと接続すると、セットアップが自動的に行われます

2　写真を取り込む準備ができました

3　スマホで 許可 をタップします

！ スマホによって表示は異なります

124

パソコンに写真を取り込もう

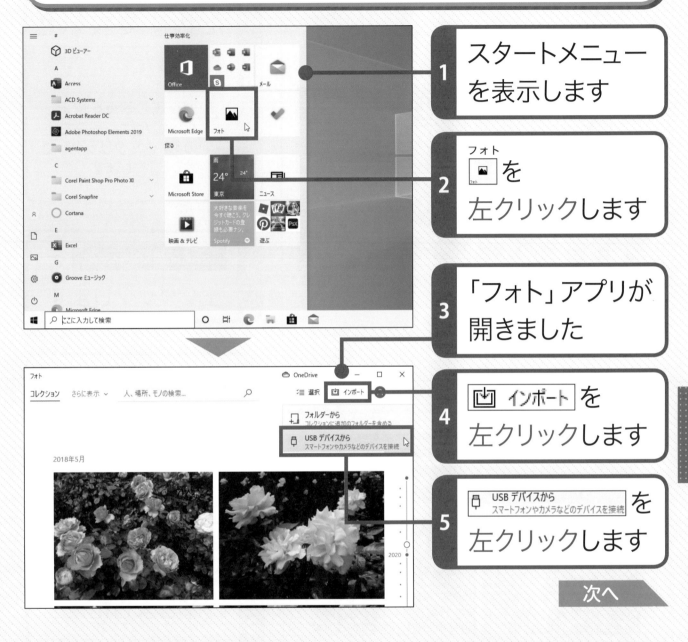

1 スタートメニューを表示します

2 フォト ![] を
左クリックします

3 「フォト」アプリが開きました

4 ![] インポート を
左クリックします

5 ![] USB デバイスから
スマートフォンやカメラなどのデバイスを接続 を
左クリックします

次へ

Column デジカメの写真を取り込む

デジカメの場合は、デジカメとパソコンをUSBケーブルで接続したあと、デジカメの電源を入れます。通知メッセージが表示された場合は、127ページの方法で取り込みます。

6

写真が選択された状態で表示されました

! 取り込む写真を選択したい場合は、写真右上の ☑ を左クリックしてオフ □ にします

7

選択した項目のインポート を左クリックします

8

取り込み中のメッセージが表示されます

9

写真の取り込みが終了しました

! 取り込まれた写真は、パソコンの「ピクチャ」フォルダー内に年月ごとに保存されます

取り込みが終了したら、パソコンから USB ケーブルを取り外します。デジカメを接続している場合は、デジカメの電源を切ってから取り外します

おわり

通知メッセージが表示された場合は

パソコンとスマホやデジカメをUSBケーブルで接続したときに通知メッセージが表示された場合は、以下の方法で操作します。

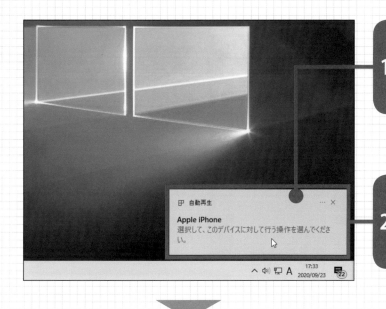

1 通知メッセージが表示されました

2 メッセージを左クリックします

3 メニューが表示されました

4 写真とビデオのインポート フォト を左クリックします

5 126ページの手順 6 以降の操作を行います

5章

スマホやデジカメの写真を楽しもう

Section 44 取り込んだ写真を見よう

パソコンに取り込んだ写真を見てみましょう。「フォト」アプリを使用すると、一覧で表示して見たり、拡大して見たりすることができます。

●操作に迷ったときは…… 左クリック **19** ページ

1 スタートメニューを表示します

2 フォト ■ を左クリックします

3 「フォト」アプリが開いて、写真が一覧で表示されました

! ↑ 非表示 を左クリックすると、画面上のタイルが非表示になります

4 見たい写真を左クリックします

一覧の表示サイズは、画面右側の□、田、囲から選択できます。ここでは、<中サイズで表示>にしています

5 写真が拡大して
表示されました

ポインター

6 ▷ を移動して、
〈 を左クリック
します

7 前の写真に切り
替わりました

> ! マウスのホイールを回
> しても切り替わります

8 〉を左クリック
します

9 もとの写真に切り
替わりました

10 ← を左クリック
すると、写真の
一覧に戻ります

画面のサイズによって、左右の
余白は異なります

おわり

Section 45 写真をスライドショーで見よう

取り込んだ写真を次々と切り替えて表示するスライドショーで見てみましょう。表示されている写真の日付の新しい順に表示されます。

● 操作に迷ったときは…… 左クリック **19** ページ

1 128ページの方法で、写真を一覧表示します

スライドショーは表示されている写真から開始します。ほかの日付からはじめたい場合は、その日付の写真を表示します

2 画面右上の もっと見る ⋯ を左クリックします

3 📺 スライドショー を左クリックします

写真の
4 スライドショーが
開始されます

画面上を
5 左クリックします

スライドショーが
終了して、
6 もとの一覧表示
に戻りました

おわり

Section 46 横向きの写真を回転しよう

カメラの向きが自動判定されずに、写真が90度横向きになったり、上下反転したりする場合があります。この場合は、回転させましょう。

●操作に迷ったときは…… 左クリック **19** ページ ドラッグ **20** ページ

1 128ページの方法で写真を一覧表示します

2 横向きの写真を左クリックします

3 写真が拡大して表示されました

4 回転 の を左クリックします

の を左クリックするたびに、時計回りに90度ずつ回転します

5 写真が右方向に90度回転されました

6 ← を左クリックします

7 写真の一覧に戻りました

おわり

Column ズーム機能を利用する

🔍 を左クリックして、スライダーを右方向にドラッグすると、写真をズームして見ることができます。写真の細部を見たいときに利用するとよいでしょう。

Section 47 不要な写真を削除しよう

パソコンに取り込んだ写真は、自由に削除することができます。撮影に失敗した写真など、不要なものは削除しましょう。

● 操作に迷ったときは……　左クリック **19** ページ

1 128ページの方法で写真を一覧表示します

2 削除したい写真に ポインター を移動します

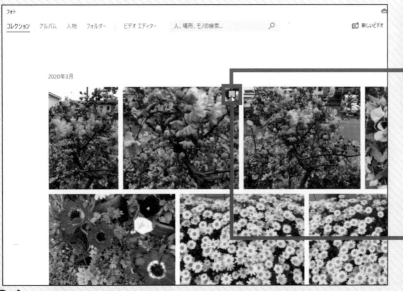

3 写真の右上に □ が表示されました

4 □ を左クリックします

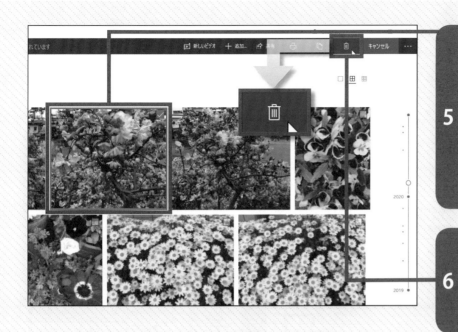

写真に ☑ が付いて
選択されました

5

! 間違って選択した場合
は、写真を左クリック
して選択を解除します

削除
🗑 を

6

左クリックします

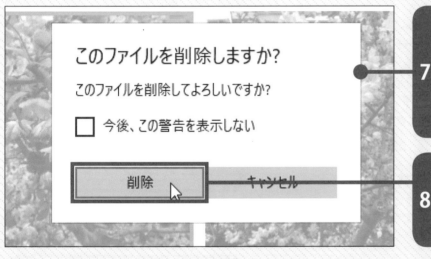

このファイルを削除しますか?

このファイルを削除してよろしいですか?

☐ 今後、この警告を表示しない

| 削除 | キャンセル |

確認の

7

メッセージが
表示されました

削除 を

8

左クリックします

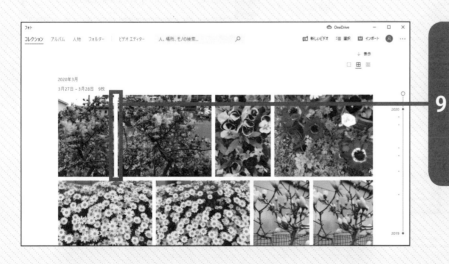

写真が

9

削除されました

! 削除した写真は、くご
み箱>に移動します

おわり

Section 48 写真をデスクトップの壁紙にしよう

デスクトップの背景は自由に変更することができます。お気に入りの写真を背景にすると、パソコンを使うのが楽しくなります。

● 操作に迷ったときは…… 左クリック **19** ページ

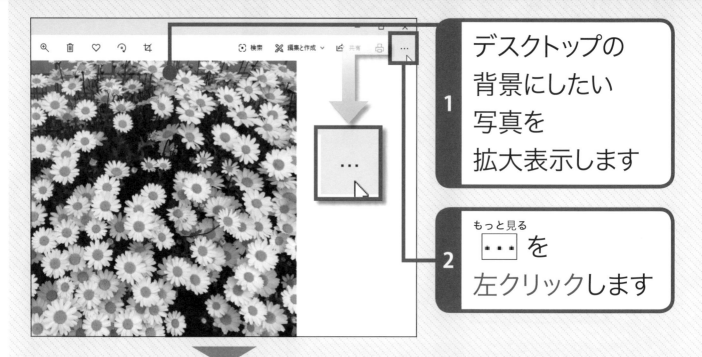

1 デスクトップの背景にしたい写真を拡大表示します

2 もっと見る ・・・ を左クリックします

3 メニューが表示されました

4 設定 にポインター ▷ を移動します

136

	サイズ変更
	コピー
	プログラムから開く
	ロック画面に設定
	背景として設定
	アプリ タイルに設定

5 メニューが
表示されました

6 🔲 背景として設定 を
左クリックします

7 指定した写真が
デスクトップの
背景になりました

おわり

Column デスクトップの背景をもとに戻すには

デスクトップの背景をも
とに戻したいときは、⊞
を左クリックして、⚙ を左
クリックします。続いて、
＜個人用設定＞を左ク
リックして、🖼 背景 を左
クリックし、もとの画像を
左クリックします。

← 設定	
⌂ ホーム	背景
設定の検索	
個人用設定	
🖼 背景	
🎨 色	
🔒 ロック画面	背景
🎨 テーマ	画像
🔤 フォント	画像を選んでください
🔳 スタート	
▭ タスク バー	参照
	調整方法を選ぶ

137

Section 49 アルバムを作って写真を整理しよう

「フォト」アプリでは、アルバムを作成することができます。お気に入りの写真をアルバムとして分類しておくと、まとめて見たいときに便利です。

● 操作に迷ったときは…… 左クリック **19** ページ　入力 **40** ページ

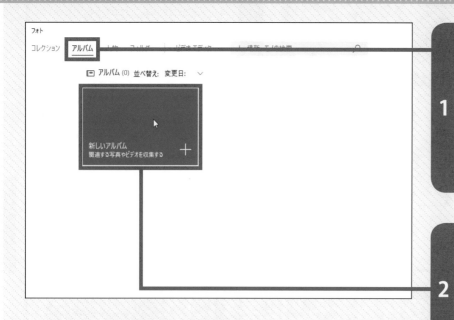

1 「フォト」アプリを開いて アルバム を左クリックします

2 ＜新しいアルバム＞を左クリックします

3 134ページの方法でアルバムに入れたい写真を複数選択します

4 作成 を左クリックします

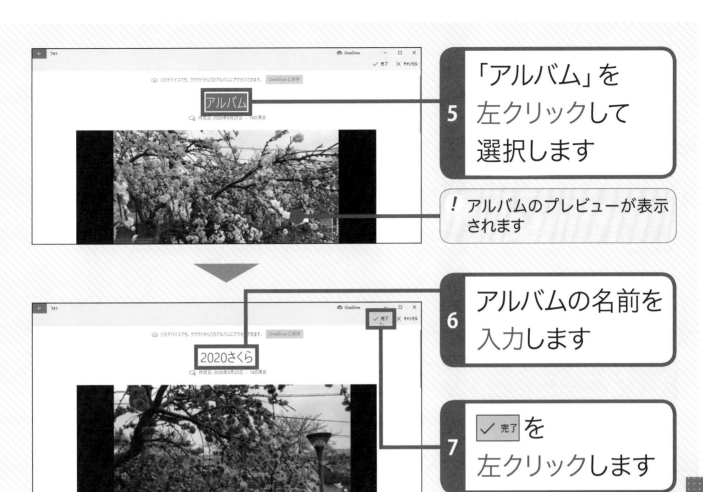

5 「アルバム」を
左クリックして
選択します

! アルバムのプレビューが表示
されます

6 アルバムの名前を
入力します

7 ✓ 完了 を
左クリックします

8 ← を
左クリックします

9 アルバムが
作成されました

おわり

Section
50 写真を修整しよう

思い通りに撮影できなかった写真は、編集機能を使って修整しましょう。修整した写真は、もとの写真とは別にコピーを保存しておくとよいでしょう。

●操作に迷ったときは…… 左クリック **19**ページ

1 修整したい
写真を
拡大表示します

2 編集と作成 ∨ を
左クリックします

3 編集
トリミング、およびフィルターや効果などの追加 を
左クリックします

4 フィルター を
左クリックします

5 写真の補正 を
左クリックします

! フィルターの選択 の種類を
左クリックすると、色
味が調整できます

6 自動的に色や明る
さが補正されます

! 写真の補正 の中央ラインをドラッ
グすると、さらに補正の強さを
調整できます

7 コピーを保存 を
左クリックします

おわり

Column **そのほかの修整**

 トリミングと回転 では、写真の不要な
部分をトリミングしたり、傾き
を調整したりすることができま
す。また、 調整 では、明る
さやコントラスト、濃度などを
調整することができます。

Section 51 写真を印刷しよう

気に入った写真を印刷してみましょう。印刷する前には、必ず印刷状態を確認してください。用紙のサイズや種類を設定してから、印刷を実行します。

● 操作に迷ったときは…… 左クリック **19** ページ

印刷の設定画面を表示しよう

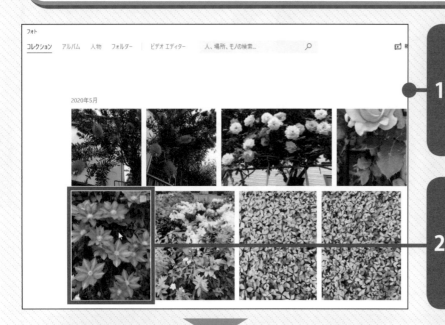

1 128ページの方法で、写真を一覧表示します

2 印刷したい写真を左クリックします

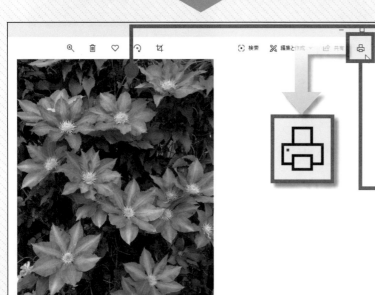

3 写真が拡大表示されました

4 印刷
🖶 を
左クリックします

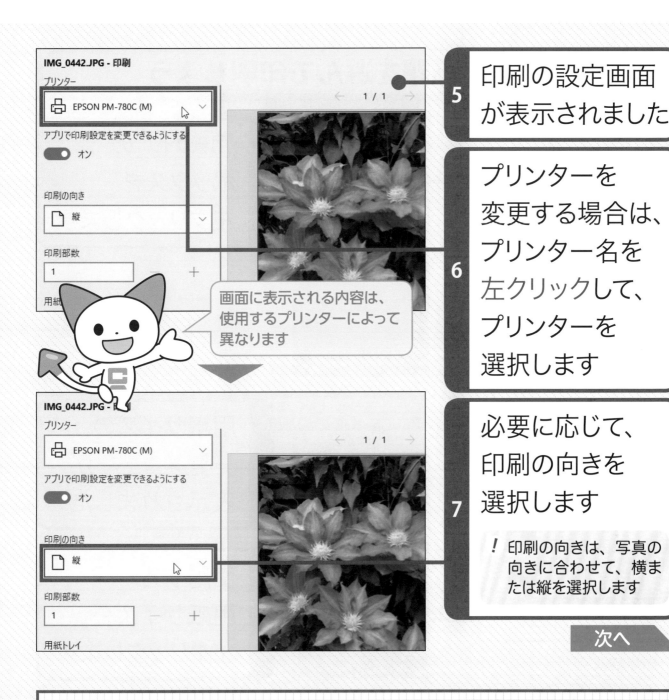

5 印刷の設定画面
が表示されました

6 プリンターを
変更する場合は、
プリンター名を
左クリックして、
プリンターを
選択します

7 必要に応じて、
印刷の向きを
選択します

! 印刷の向きは、写真の
向きに合わせて、横ま
たは縦を選択します

画面に表示される内容は、
使用するプリンターによって
異なります

次へ

Column その他の設定

印刷の設定項目は、プリンターによって異なります。
フチなし印刷や印刷品質など
が表示されていない場合は、
その他の設定 を左クリックして
詳細画面で確認しましょう。

自動調整
ページに合わせる

その他の設定

印刷　　　　　キャンセル

143

用紙のサイズと種類を選んで印刷しよう

1 用紙サイズ の
ボックスを
左クリックします

2 用紙サイズの
一覧メニューが
表示されました

3 使用する
用紙サイズを
左クリックします

4 用紙の種類 の
ボックスを
左クリックします

表示される用紙のサイズや種類は、
接続しているプリンターによって異なります

144

5 用紙の種類の
一覧メニューが
表示されました

6 使用する
用紙の種類を
左クリックします

7 印刷 を
左クリックします

8 写真が
印刷されます

おわり

💬 Column 用紙の種類と特徴

・フォト用紙：色の深みや彩度などを美しく再現します。

・光沢紙：インクのにじみを防止して印刷できます。

・マット紙：つや消しコーディングがされているので、
落ち着いた風合いに印刷できます。

・普通紙：コピー用紙や文書の印刷に使われます。

Section 52 写真をDVDに保存しよう

写真をDVDに保存すると、ほかのパソコンでも見ることができます。また、遠くに住む家族や友人に送って、見てもらうこともできます。

●操作に迷ったときは…… 左クリック **19** ページ　入力 **40** ページ

写真をDVDに書き込む準備をしよう

甲　自動再生 … ×

BD-RE ドライブ (E:)
選択して、空の DVD に対して行う操作を選んでください。

10:25
2020/09/28

1 パソコンに空のディスクをセットします

2 通知メッセージが表示されるので、左クリックします

BD-RE ドライブ (E:)

空の DVD に対して行う操作を選んでください。

 ファイルをディスクに書き込む
エクスプローラー

 何もしない

3 メニューが表示されました

4 ファイルをディスクに書き込む
エクスプローラー を左クリックします

手順**2**の通知メッセージが表示されずに、すぐに<ディスクの書き込み>ウィンドウが表示される場合もあります

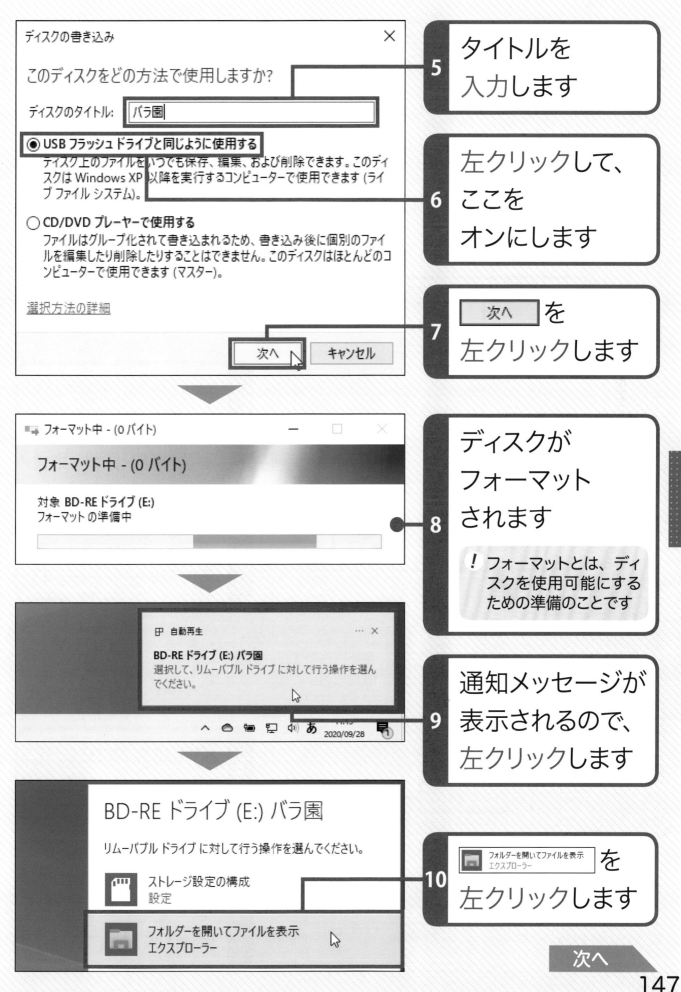

ディスクの書き込み   ✕

このディスクをどの方法で使用しますか?

ディスクのタイトル: バラ園

⦿ USB フラッシュ ドライブと同じように使用する
　ディスク上のファイルをいつでも保存、編集、および削除できます。このディ
　スクは Windows XP 以降を実行するコンピューターで使用できます (ライ
　ブ ファイル システム)。

◯ CD/DVD プレーヤーで使用する
　ファイルはグループ化されて書き込まれるため、書き込み後に個別のファイ
　ルを編集したり削除したりすることはできません。このディスクはほとんどのコ
　ンピューターで使用できます (マスター)。

選択方法の詳細

　　　　　　　　　　　　　　次へ　　　キャンセル

5 タイトルを入力します

6 左クリックして、ここをオンにします

7 ┃ 次へ ┃を左クリックします

■➡ フォーマット中 - (0 バイト)   ー   □   ✕

フォーマット中 - (0 バイト)

対象 BD-RE ドライブ (E:)
フォーマット の準備中

8 ディスクがフォーマットされます

! フォーマットとは、ディスクを使用可能にするための準備のことです

印 自動再生   ⋯ ✕

BD-RE ドライブ (E:) バラ園
選択して、リムーバブル ドライブ に対して行う操作を選ん
でください。

∧ ☁ 🖾 ⛶ ◁» あ 2020/09/28

9 通知メッセージが表示されるので、左クリックします

BD-RE ドライブ (E:) バラ園

リムーバブル ドライブ に対して行う操作を選んでください。

🗃 ストレージ設定の構成
　　設定

🖿 フォルダーを開いてファイルを表示
　　エクスプローラー

10 [🖿 フォルダーを開いてファイルを表示 エクスプローラー] を左クリックします

次へ

写真をDVDに書き込もう

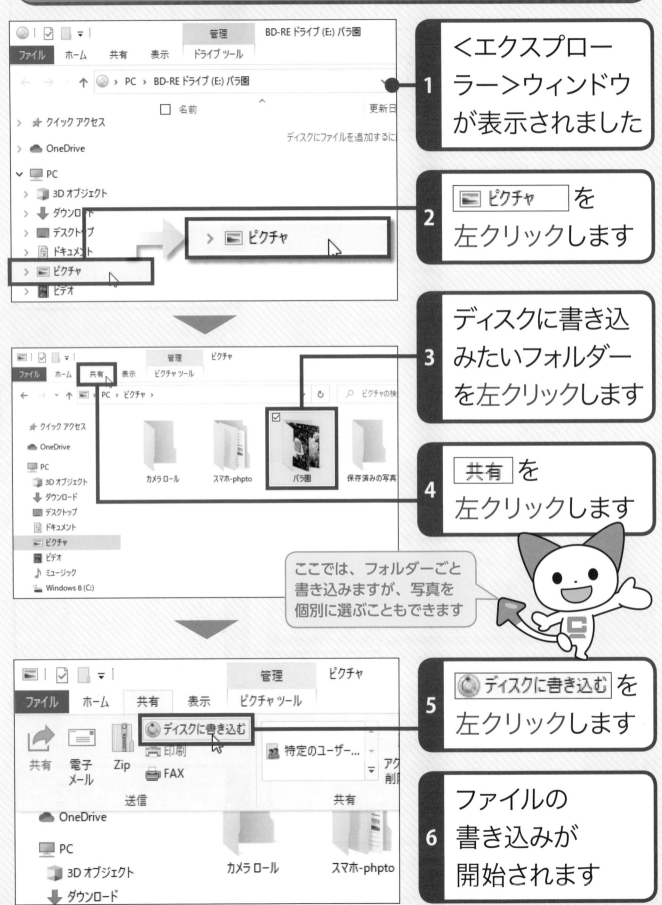

1 <エクスプローラー>ウィンドウが表示されました

2 ピクチャ を左クリックします

3 ディスクに書き込みたいフォルダーを左クリックします

4 共有 を左クリックします

ここでは、フォルダーごと書き込みますが、写真を個別に選ぶこともできます

5 ディスクに書き込む を左クリックします

6 ファイルの書き込みが開始されます

148

書き込みが
完了すると、
ドライブの内容が
表示されます

7

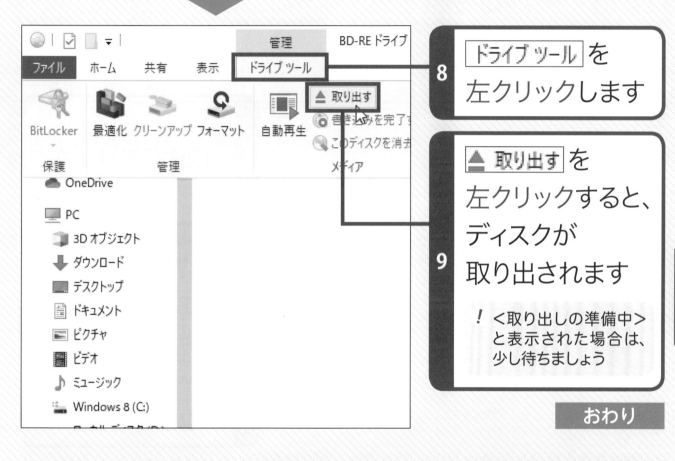

ドライブ ツール を
左クリックします

8

取り出す を
左クリックすると、
ディスクが
取り出されます

9

! <取り出しの準備中>
と表示された場合は、
少し待ちましょう

おわり

Column DVDの種類

写真を保存するには、大容量のデータを保存できる
DVD（ディーブイディー）が最適です。DVDの種類に
はいくつかありますが、1回のみ保存する場合は
DVD-R、保存した内容を編集したい場合はDVD-RW
やDVD-RAMを利用します。

Section 53 写真をUSBメモリーにコピーしよう

写真を保存したり、ほかの人に渡したりするには、小さくて軽いUSBメモリーが最適です。エクスプローラーを使って、かんたんにコピーすることができます。

● 操作に迷ったときは…… 左クリック **19** ページ

1 パソコンにUSBメモリーを挿し込みます

2 147ページの手順 **9** 、 **10** の方法で＜エクスプローラー＞ウィンドウを表示します

3 ピクチャ を左クリックします

4 コピーするフォルダーを左クリックします

176〜177ページの方法でコピーすることもできます

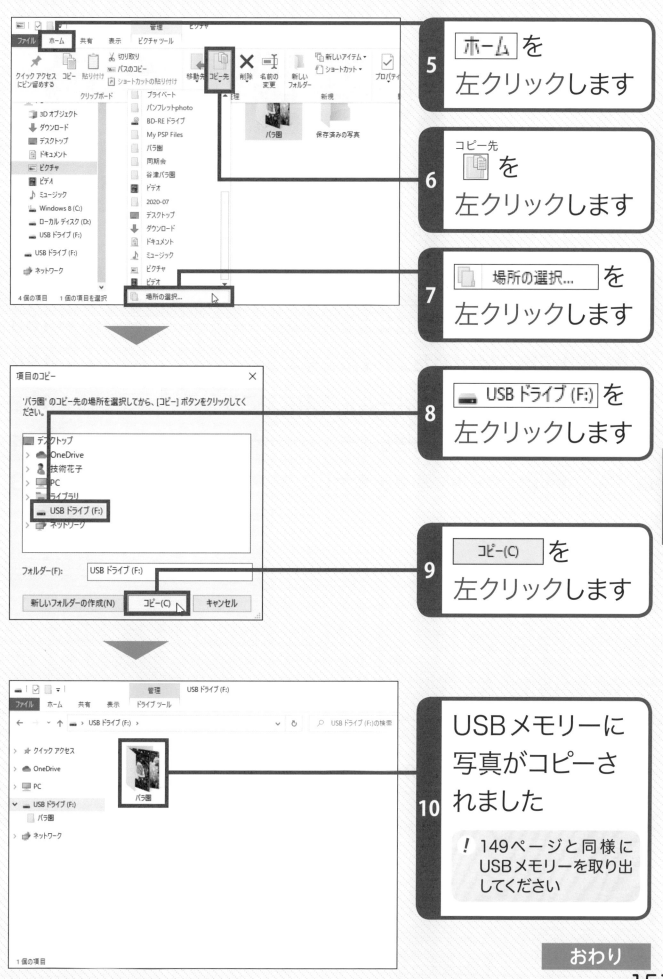

5 ホーム を
左クリックします

6 コピー先
📋 を
左クリックします

7 📋 場所の選択... を
左クリックします

8 💾 USB ドライブ (F:) を
左クリックします

9 コピー-(C) を
左クリックします

10 USBメモリーに
写真がコピーさ
れました

! 149ページと同様に
USBメモリーを取り出
してください

おわり

第6章

メールを楽しもう

「メール」アプリで、通常使っているプロバイダーのメールを受信したり、送信したりできるように設定します。基本的なメールの送受信方法を覚えましょう。また、メールに添付されたファイルを見たり、写真をメールに添付したりしてみましょう。

この章でできるようになること

メールを設定できます! ▶154〜157ページ

「メール」アプリに
プロバイダーのメール
アドレスを設定する
方法を解説します

メールを送受信できます! ▶158〜167ページ

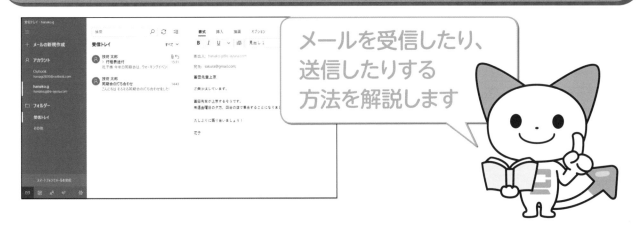

メールを受信したり、
送信したりする
方法を解説します

添付ファイルを見たり、添付したりできます! ▶160、166ページ

メールに添付された
ファイルを見たり、
メールに写真を
添付したりする
方法を覚えましょう

Section 54 プロバイダーの メールを設定しよう

はじめに、パソコンに入っている「メール」アプリで、普段使っているプロバイダーのメールアドレスを使えるように設定しましょう。

● 操作に迷ったときは…… 左クリック **19** ページ 入力 **40** ページ

「メール」アプリを開こう

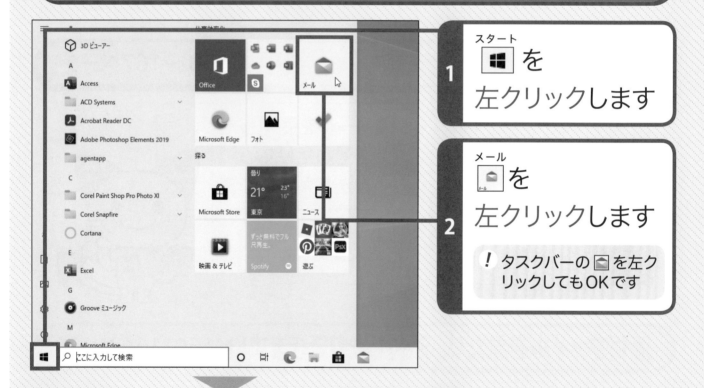

1 スタート ■ を 左クリックします

2 メール ✉ を 左クリックします

！ タスクバーの ✉ を左クリックしてもOKです

3 「メール」アプリ が開きました

4 設定 ⚙ を 左クリックします

アカウントを追加しよう

1 設定画面が
表示されました

2 アカウントの管理 を
左クリックします

! Microsoftアカウントでウィンドウズにサインインしている場合、メールアドレスが自動的に設定されます

3 アカウントの
管理画面が
表示されました

4 ＋ アカウントの追加 を
左クリックします

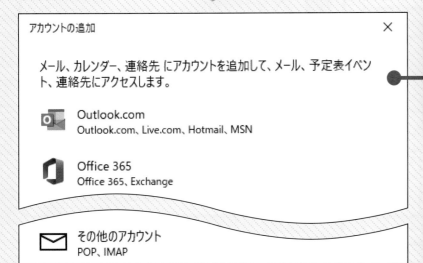

アカウントの追加   ✕

メール、カレンダー、連絡先 にアカウントを追加して、メール、予定表イベント、連絡先にアクセスします。

○ Outlook.com
Outlook.com、Live.com、Hotmail、MSN

○ Office 365
Office 365、Exchange

✉ その他のアカウント
POP、IMAP

⚙ 詳細設定

✕ 閉じる

5 アカウントの
追加画面が
表示されました

6 ⚙ 詳細設定 を
左クリックします

次へ

アカウントを設定しよう

1 詳細設定画面が
表示されました

2 インターネット メール を
左クリックします

3 メールアドレス、
ユーザー名を入力します

4 メールのパスワード、
アカウント名を
入力します

普段お使いの
プロバイダーから
受け取った情報を
設定しましょう

5 送信者として使用する
名前、受信メール
サーバーを入力します

6 左クリックして、
アカウントの種類を
選択します

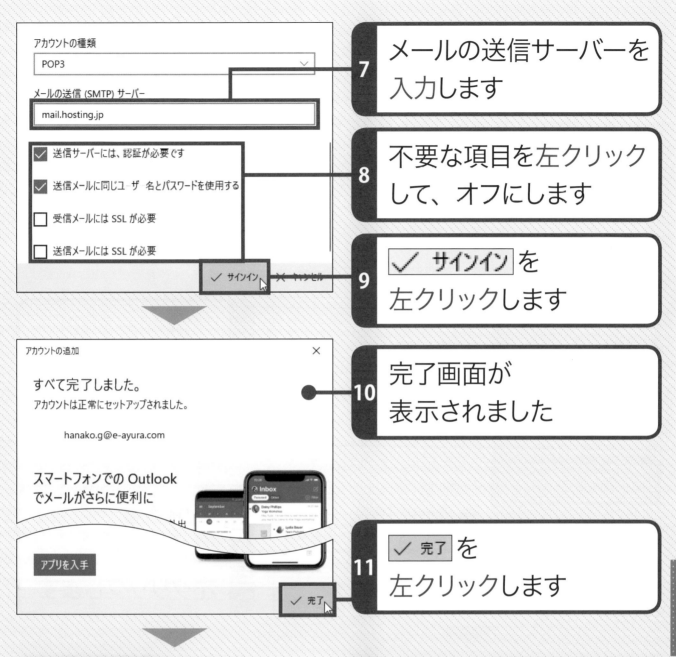

7 メールの送信サーバーを入力します

8 不要な項目を左クリックして、オフにします

9 ✓ サインイン を左クリックします

10 完了画面が表示されました

11 ✓ 完了 を左クリックします

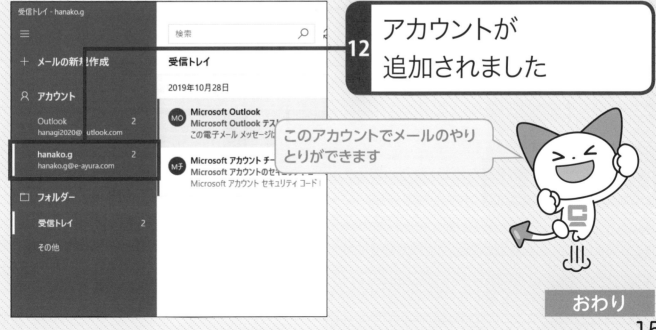

12 アカウントが追加されました

このアカウントでメールのやりとりができます

Section 55 メールを受信しよう

「メール」アプリでは、メールは自動的に受信されるように設定されています。
今すぐ確認したいときは ⟳ を左クリックします。

● 操作に迷ったときは…… 左クリック **19** ページ

1 154ページの方法で「メール」アプリを開きます

2 使用するアカウントを左クリックします

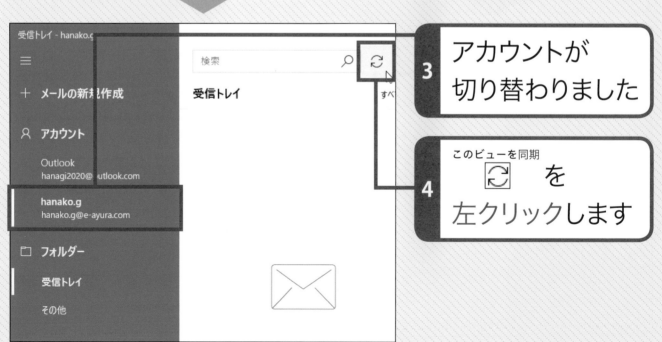

3 アカウントが切り替わりました

このビューを同期
4 ⟳ を左クリックします

5 メールが
受信されました

6 受け取った
メールを
左クリックします

メールを受信すると、
アカウントと<受信トレイ>に
受信したメール数が表示されます

7 メールの内容が
表示されました

! 再度メールを左クリックすると、メールの内容が閉じます

おわり

Column メールを受信する頻度を変更する

メールを受信する頻度は変更できます。画面左下の
🔧 を左クリックして、<アカウントの管理>→<(設
定するアカウント)>→<メールボックスの同期設定を
変更>を順に左クリックし、<新しいメールをダウン
ロードする頻度>で変更します。

Section 56 添付されたファイルを見よう

文書や写真などのファイルをメールといっしょに受け取ることができます。ここでは、メールに添付されたファイルをパソコンに保存しましょう。

● 操作に迷ったときは…… 左クリック **19** ページ　右クリック **19** ページ

1 メールにファイルが添付されていると、[📎]マークが表示されます

メールといっしょに送信する文書や写真などのファイルを添付ファイルといいます

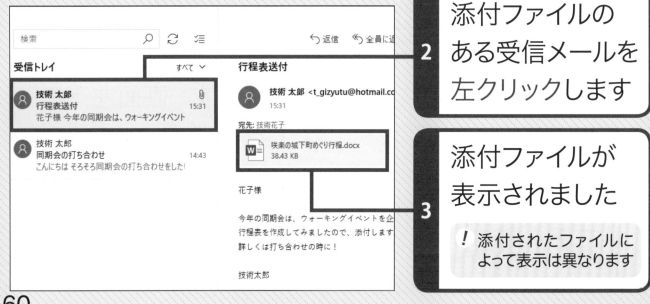

2 添付ファイルのある受信メールを左クリックします

3 添付ファイルが表示されました

! 添付されたファイルによって表示は異なります

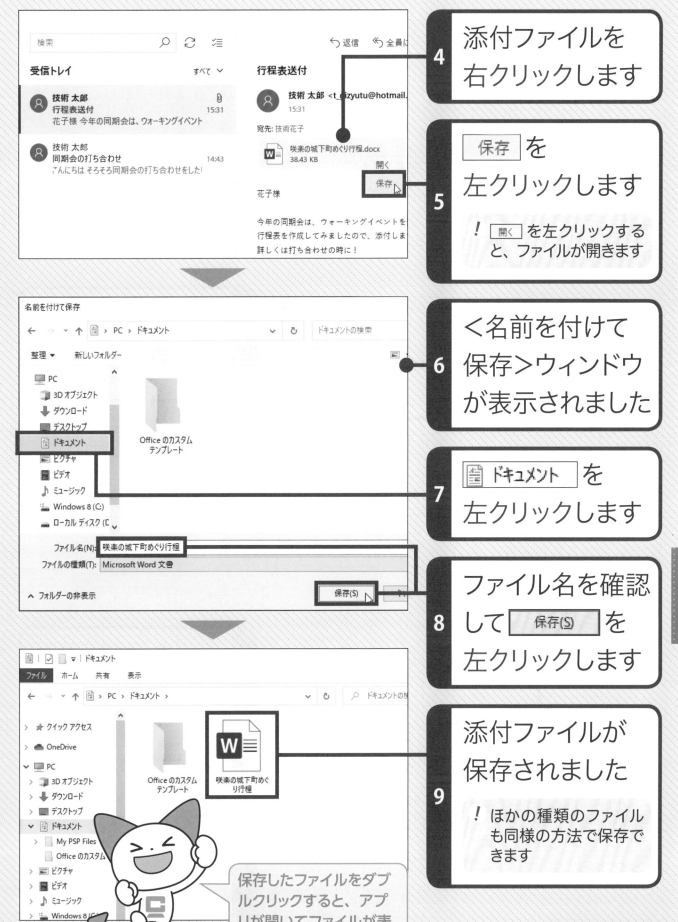

4 添付ファイルを
右クリックします

5 保存 を
左クリックします

! 開く を左クリックすると、ファイルが開きます

6 <名前を付けて
保存>ウィンドウ
が表示されました

7 📄 ドキュメント を
左クリックします

8 ファイル名を確認
して 保存(S) を
左クリックします

9 添付ファイルが
保存されました

! ほかの種類のファイル
も同様の方法で保存で
きます

保存したファイルをダブ
ルクリックすると、アプ
リが開いてファイルが表
示されます

おわり

Section 57 受け取ったメールに返事を書こう

受け取ったメールに返事を書く場合は、返信機能を使うと便利です。送信者のメールアドレスと件名が自動的に入力されるので、手間が省けます。

● 操作に迷ったときは…… 左クリック **19** ページ　入力 **40** ページ

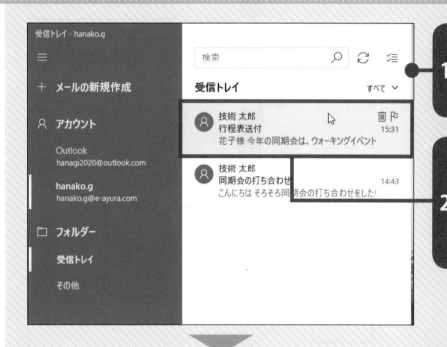

1 「メール」アプリを開きます

2 返信するメールを左クリックします

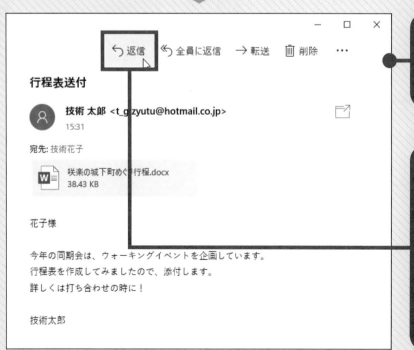

3 メールの内容が表示されました

4 ← 返信 を左クリックします

! → 転送 を左クリックすると、メールをほかの人へ転送することができます

5 返信用の画面が表示されました

6 送信者のメールアドレスと件名が自動的に入力されます

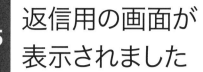
<件名>には、返信であることを示す「RE:」が付きます

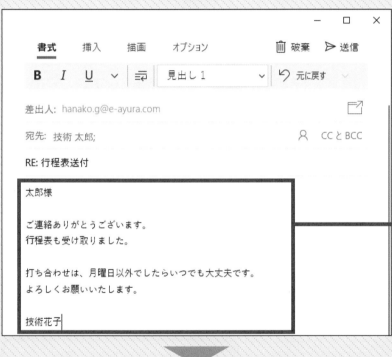

7 返信用の本文を入力します

8 送信 を左クリックします

9 メールが返信されます

おわり

163

Section
58 メールを送信しよう

メールを送信するには、メールの作成画面を表示して、送信相手のメールアドレス、件名、本文を入力し、▷ 送信 を左クリックします。

●操作に迷ったときは…… 左クリック **19** ページ 入力 **40** ページ

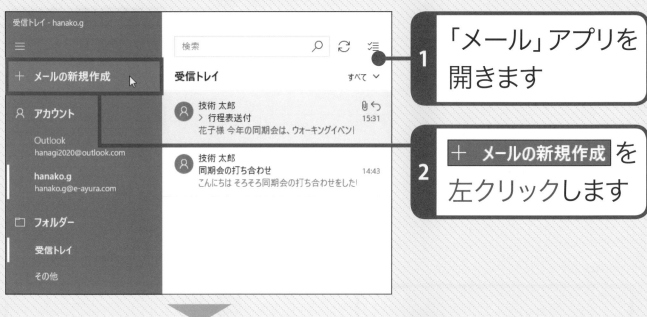

1 「メール」アプリを開きます

2 ＋ メールの新規作成 を左クリックします

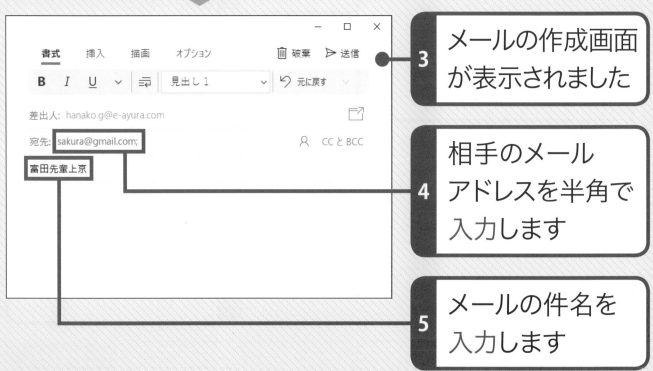

3 メールの作成画面が表示されました

4 相手のメールアドレスを半角で入力します

5 メールの件名を入力します

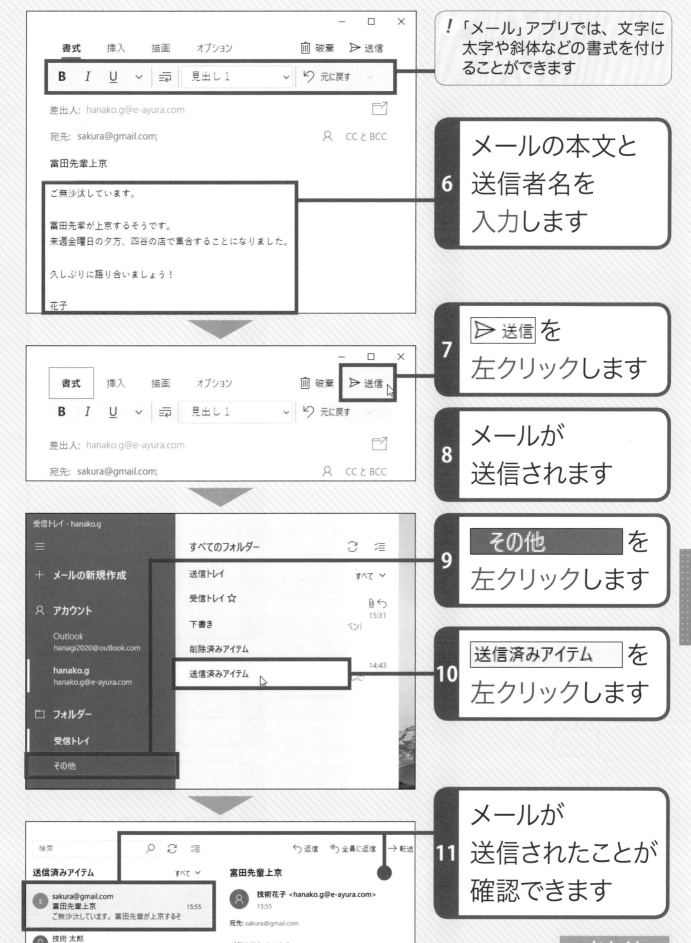

！「メール」アプリでは、文字に太字や斜体などの書式を付けることができます

6 メールの本文と送信者名を入力します

7 ▷送信 を左クリックします

8 メールが送信されます

9 その他 を左クリックします

10 送信済みアイテム を左クリックします

11 メールが送信されたことが確認できます

おわり

Section 59 メールに写真を添付しよう

メールでは本文だけでなく、写真や文書などのファイルをメールに添付して送ることができます。ここでは、写真を添付して送ってみましょう。

● 操作に迷ったときは…… 　左クリック **19** ページ　　ダブルクリック **20** ページ　　入力 **40** ページ

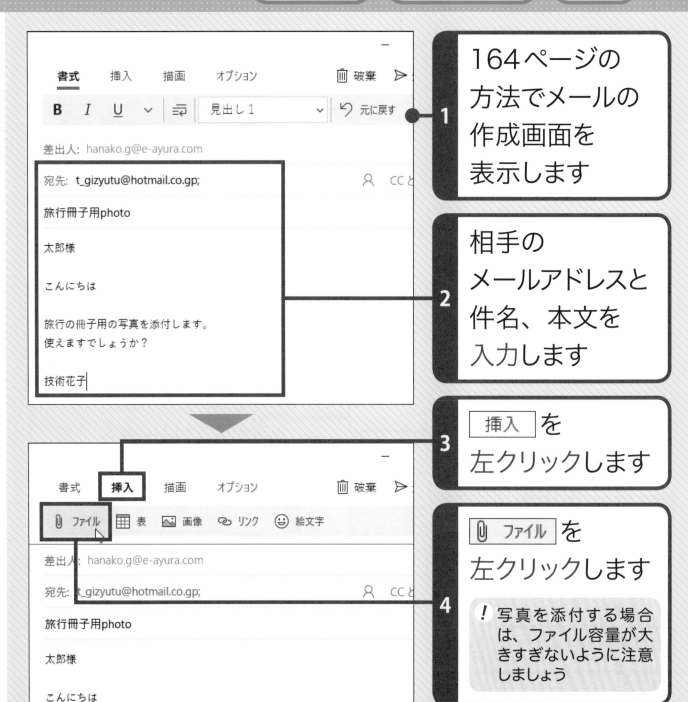

1 164ページの方法でメールの作成画面を表示します

2 相手のメールアドレスと件名、本文を入力します

3 挿入 を左クリックします

4 ⓤ ファイル を左クリックします

❗ 写真を添付する場合は、ファイル容量が大きすぎないように注意しましょう

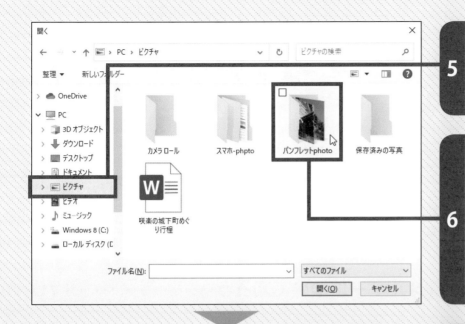

5 を左クリックします

6 写真の保存先のフォルダーをダブルクリックします

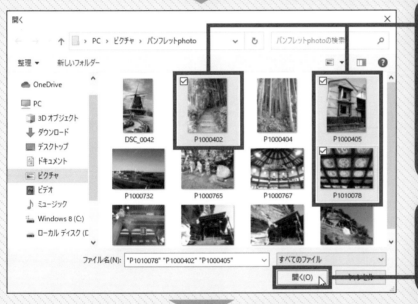

7 コントロール
[Ctrl]キーを押しながら、添付するファイルを複数左クリックします

8 開く(O) を左クリックします

9 ファイルが添付されました

10 ▷送信 を左クリックしてメールを送信します

添付を取り消したい場合は、写真右上の ✕ を左クリックします

おわり

第7章

ファイルとフォルダーの基本を知ろう

パソコンで作った文書やパソコンに取り込んだ写真などを整理するには、ファイルの扱いやフォルダー管理が欠かせません。ファイルとフォルダーについて理解したら、ファイルを探す方法、新しいフォルダーを作る方法、ファイルをコピー、移動、削除する方法を覚えましょう。

7

この章でできるようになること

ファイルを検索することができます！　▶172ページ

ファイルやフォルダーを
探す方法を解説します

フォルダーを作ってファイルを管理できます！▶174〜177ページ

ファイルを整理するための
新しいフォルダーを
作る方法と、ファイルを
コピーや移動する方法を
覚えましょう

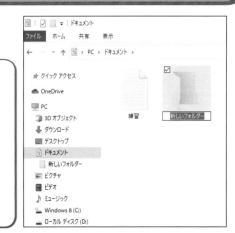

ファイルやフォルダーを削除することができます！▶178ページ

不要なファイルや
フォルダーを
削除する方法を
解説します

Section

60 ファイルとフォルダー について知ろう

> パソコンで作成した文書や取り込んだ写真のことを「ファイル」、ファイルを入れるための入れ物のことを「フォルダー」といいます。はじめに、ファイルとフォルダーについて理解しておきましょう。

ファイルとフォルダーとは

パソコンで作った文書やパソコンに入っている写真などを「ファイル」といいます。「フォルダー」は、ファイルを分類して整理するための入れ物のことです。ファイルやフォルダーは、自分の好きな名前を付けて管理できます。

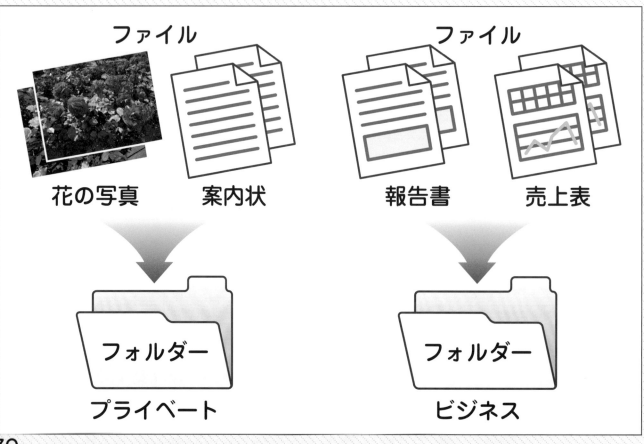

ファイル		ファイル	
花の写真	案内状	報告書	売上表
フォルダー		フォルダー	
プライベート		ビジネス	

170

ファイルとフォルダーの関係

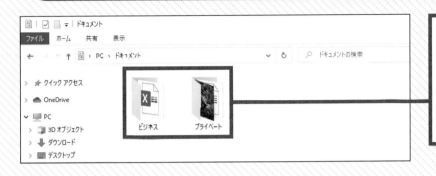

フォルダーは、ファイルの種類や用途別に作成します

フォルダーの中には、複数のファイルを入れることができます

フォルダーの中にフォルダーを作ることもできます

おわり

Column ファイルのアイコン

ファイルは、アイコン（絵柄）で表示され、ファイルの種類によって絵柄が異なります。画像ファイルは、その画像を縮小したものがアイコンになります。

 「ワード」で作成したファイル

 「エクセル」で作成したファイル

 写真のファイル

 文書のテキストファイル

171

Section 61 検索してファイルを探そう

ファイルをどこに保存したかわからなくなったときは、検索機能を利用しましょう。ファイルやファイルの保存場所をすぐに見つけることができます。

● 操作に迷ったときは…… 左クリック **19** ページ 入力 **40** ページ

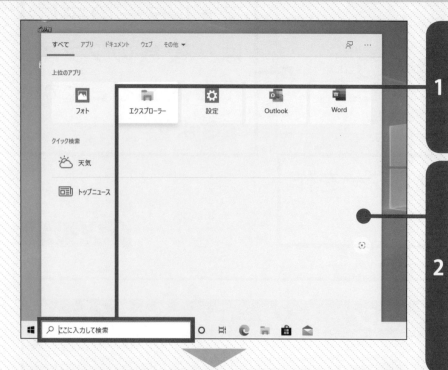

1 タスクバーの検索ボックスを左クリックします

2 検索ボックスが大きく表示されました

> ! 画面の上部で検索場所を指定することもできます

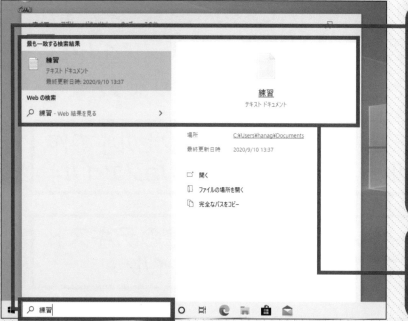

3 検索ボックスにファイル名を入力します

> ! ファイル名が不明瞭な場合は、わかる文字だけでもかまいません

4 検索結果が表示されました

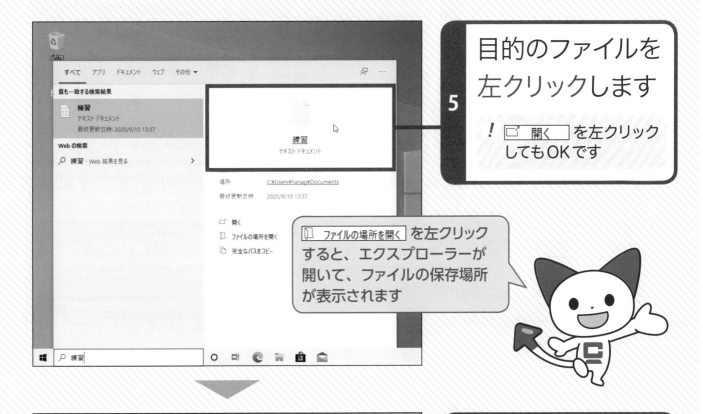

5 目的のファイルを
左クリックします

! 〔 開く 〕 を左クリック
してもOKです

〔 ファイルの場所を開く 〕 を左クリック
すると、エクスプローラーが
開いて、ファイルの保存場所
が表示されます

6 ファイルの内容が
表示されました

おわり

Column **エクスプローラーを利用する**

エクスプローラーで検索することもできます。24ペー
ジの方法で＜エクスプローラー＞を表示して、検索
する場所を左ク
リックし、検索ボッ
クスにファイル名
を入力します。

Section 62 フォルダーを作って ファイルを整理しよう

ファイルの数が多くなると、必要なファイルが見つけにくくなります。用途に合わせてフォルダーを作成して、ファイルを整理するとよいでしょう。

● 操作に迷ったときは…… 左クリック **19** ページ　キー **36** ページ　入力 **40** ページ

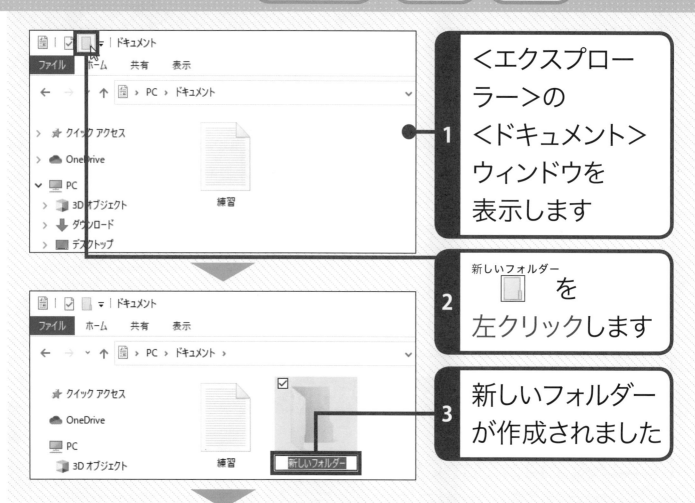

1 <エクスプローラー>の<ドキュメント>ウィンドウを表示します

2 新しいフォルダー □ を左クリックします

3 新しいフォルダーが作成されました

4 フォルダーの名前を入力します

! ここでは、「プライベート」と入力します

174

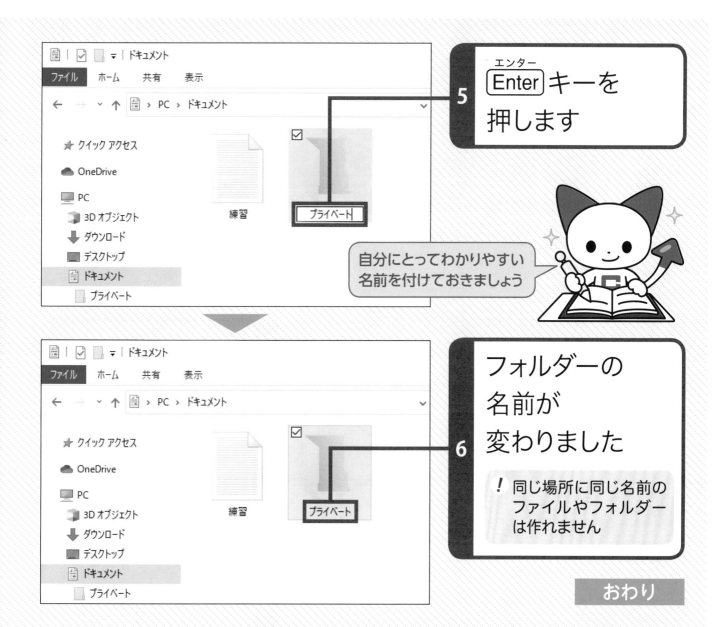

5 Enter キーを
押します

自分にとってわかりやすい
名前を付けておきましょう

6 フォルダーの
名前が
変わりました

! 同じ場所に同じ名前の
ファイルやフォルダー
は作れません

おわり

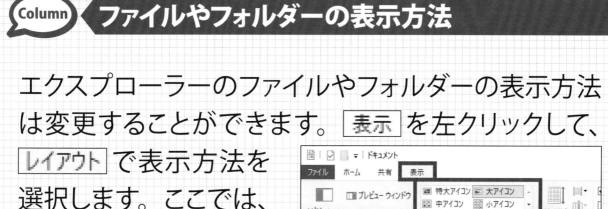

（Column）**ファイルやフォルダーの表示方法**

エクスプローラーのファイルやフォルダーの表示方法
は変更することができます。 表示 を左クリックして、

レイアウト で表示方法を
選択します。ここでは、
大アイコン で表示して
います。

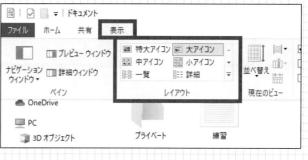

7章

ファイルとフォルダーの基本を知ろう

Section 63 ファイルをコピー／移動しよう

ファイルやフォルダーは、コピー（複製）したり移動したりすることができます。
ここでは、新しく作成したフォルダーにファイルをコピーしてみましょう。

● 操作に迷ったときは…… 左クリック **19** ページ ダブルクリック **20** ページ

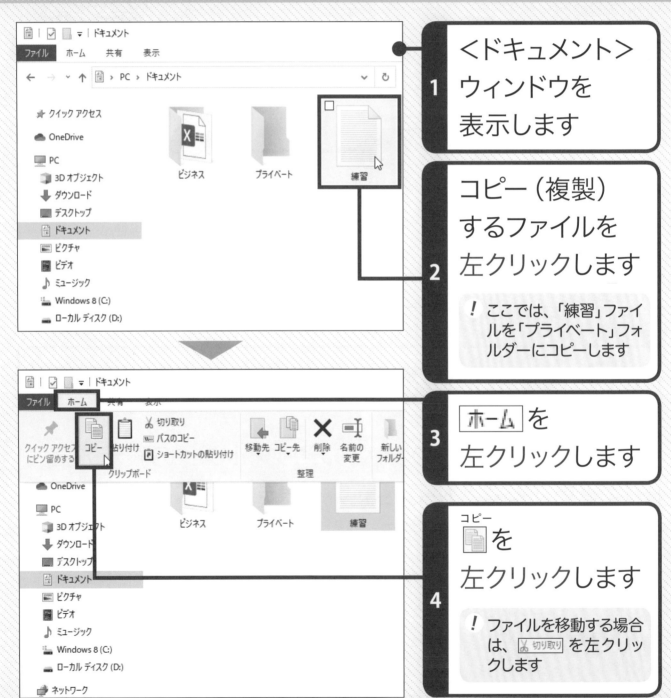

1 ＜ドキュメント＞ウィンドウを表示します

2 コピー（複製）するファイルを左クリックします

! ここでは、「練習」ファイルを「プライベート」フォルダーにコピーします

3 ホーム を左クリックします

4 コピー を左クリックします

! ファイルを移動する場合は、 切り取り を左クリックします

「プライベート」
フォルダーを
ダブルクリック
して開きます

5

❗ フォルダーの中には何
も入っていません

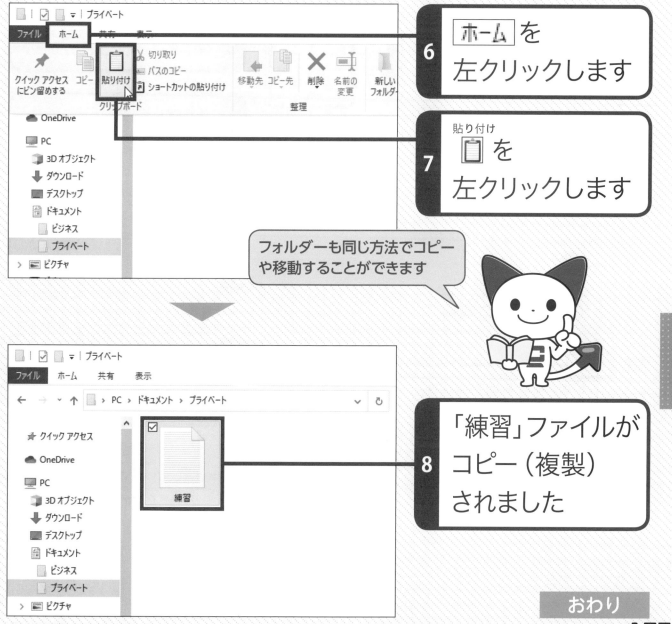

6 ホーム を
左クリックします

7 貼り付け
📋 を
左クリックします

フォルダーも同じ方法でコピー
や移動することができます

8 「練習」ファイルが
コピー（複製）
されました

おわり

ファイルとフォルダーの基本を知ろう

Section
64 ファイルを削除しよう

不要になったファイルやフォルダーは、削除することができます。削除した
ファイルやフォルダーは、ごみ箱に移動します。

● 操作に迷ったときは…… 左クリック **19** ページ 右クリック **19** ページ

1 <ドキュメント>
ウィンドウを
表示します

2 削除する
ファイルを
左クリックします

！ ここでは、「練習」ファ
イルを削除します

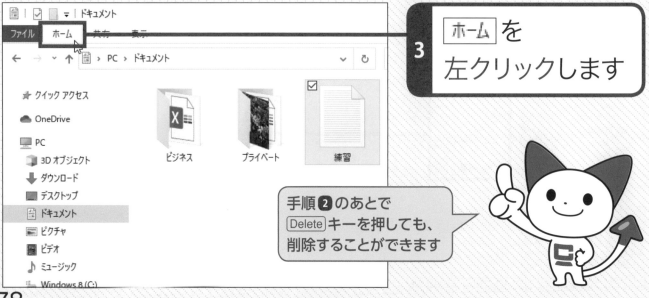

3 ホーム を
左クリックします

手順 **2** のあとで
Delete キーを押しても、
削除することができます

178

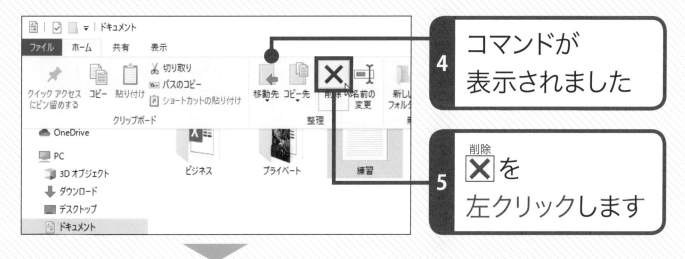

4 コマンドが表示されました

5 削除 ☒ を左クリックします

6 ファイルが削除されました

! フォルダーも同じ方法で削除することができます

おわり

Column 削除したファイルやフォルダーをもとに戻す

ごみ箱のフォルダーやファイルをもとに戻したい場合は、デスクトップの 🗑 を右クリックして 開く(O) を左クリックし、＜ごみ箱＞を開きます。もとに戻したいフォルダーやファイルを右クリックして、元に戻す(E) を左クリックします。

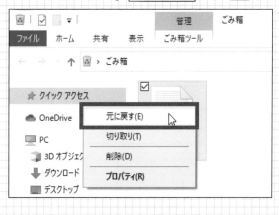

知っておきたいウィンドウズ10 Q&A　付録1

Q アプリをデスクトップからすばやく起動したい!

A タスクバーにアプリのアイコンを登録しておくと、アプリがすばやく起動できます。

●スタートメニューから登録する

1 スタートメニューを表示します

2 タスクバーに登録したいアプリを右クリックします

3 その他 に ↖ を合わせます

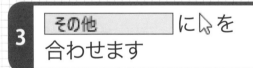

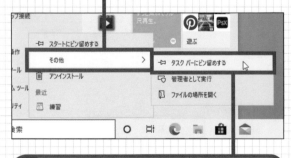

4 ⊞ タスク バーにピン留めする を左クリックします

5 タスクバーにアプリのアイコンが登録されました

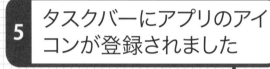

●起動したアプリから登録する

1 アプリを起動します

2 アプリのアイコンを右クリックします

3 ⊞ タスク バーにピン留めする を左クリックします

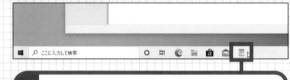

4 タスクバーにアプリのアイコンが登録されます

Q タスクバーやスタートメニューの色を黒に変えたい！

....

A タスクバーやスタートメニューの色は、＜設定＞ウィンドウの＜個人用設定＞から変更できます。

---

1 スタートメニューを
表示します

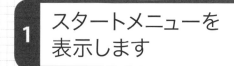

🗛 技術花子	
🗋 ドキュメント	映画 &
🖼 ピクチャ	
⚙ 設定	
⏻ 電源	
⊞	🔍 ここに入力して検索

2 ⚙ 設定 を
左クリックします

3 ＜個人用設定＞を
左クリックします

← 設定		OneD ファイル
🗿 **技術花子** hanagi2020@outlook.com Microsoft アカウント		リワー 報酬の
	設定の検索	
🖥 システム ディスプレイ、サウンド、通知、電源	📠 デバイス Bluetooth、プリンター、マウス	
🌐 ネットワークとインターネット Wi-Fi、機内モード、VPN	🖊 個人用設定 背景、ロック画面、色	

---

4 🎨 色 を
左クリックします

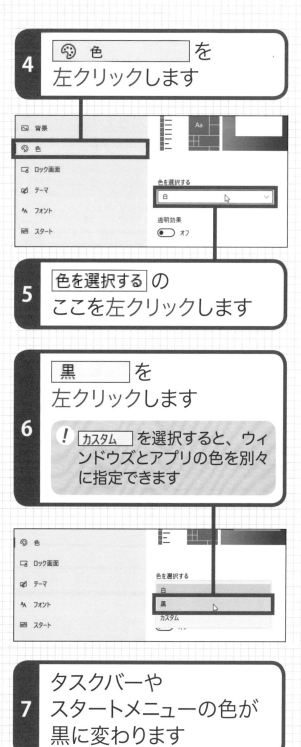

🖼 背景	
🎨 色	
🖵 ロック画面	色を選択する
🖌 テーマ	白
🗛 フォント	透明効果
🔳 スタート	◯ オフ

5 色を選択する の
ここを左クリックします

6 黒 を
左クリックします

⚠ カスタム を選択すると、ウィンドウズとアプリの色を別々に指定できます

🎨 色	
🖵 ロック画面	
🖌 テーマ	色を選択する
🗛 フォント	白
🔳 スタート	黒
	カスタム

7 タスクバーや
スタートメニューの色が
黒に変わります

画面が固まって操作できなくなった!

 ＜タスクマネージャー＞を開いてアプリを強制終了するか、パソコンを再起動します。パソコンが動かなくなった場合は、電源ボタンを長めに押して電源を切ります。

●アプリを強制終了する

1 タスクバーの何もない部分を右クリックします

! Ctrl と Alt と Delete キーを同時に押してもOKです

2 タスク マネージャー(K) を左クリックします

3 「応答なし」と表示されたアプリを左クリックします

4 タスクの終了(E) を左クリックします

5 アプリが強制終了されました

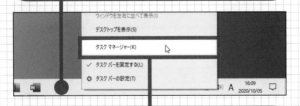

●パソコンを再起動する

1 Ctrl と Alt と Delete キーを同時に押します

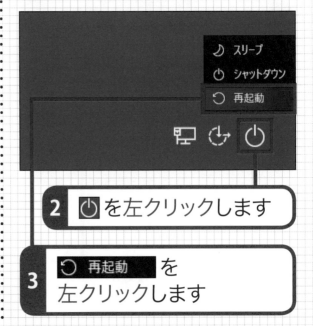

2 を左クリックします

3 再起動 を左クリックします

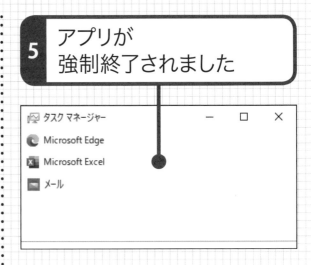

Q 文字を入力すると、前にあった文字が消えた!

A 入力モードが上書きモードになっていることが原因です。
[Insert] キーを押して挿入モードに切り替えます。

●上書きモードの場合 | ●挿入モードに切り替えた場合

1 文字を入力する位置を
左クリックして、
カーソルを移動します

ふれあいイベント 開催!↵

1 文字を入力する位置を
左クリックして、
カーソルを移動します

ふれあいイベント 開催!↵

2 文字を入力します

ふれあいイベント まつり

2 文字を入力します

ふれあいイベント まつり 開催!↵

3 入力済みの文字が、
追加した文字に
上書きされます

ふれあいイベント まつり

3 入力済みの文字が
上書きされずに文字が
挿入されます

ふれあいイベント まつり 開催!

Q 最初に表示されるホームページは変更できないの?

A ブラウザーを開いたときに表示される「ホームページ」
は、<設定>ウィンドウの<起動時>で変更できます。

1 マイクロソフトエッジを
開いて、（設定など）··· を
左クリックします

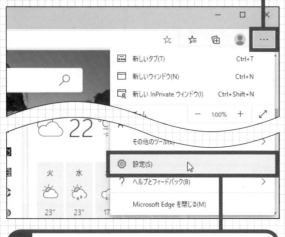

2 ⚙ 設定(S) を
左クリックします

3 ⏻ 起動時 を
左クリックします

4 特定のページを開く を
左クリックします

5 新しいページを追加してください を
左クリックします

6 ホームページにしたい
ページのアドレスを
入力します

新しいページを追加してください ×

URL を入力してください

google.co.jp

追加 　　キャンセル

7 追加 を
左クリックします

8 ホームページが
変更されます

Q マイクロソフトエッジに
＜ホーム＞ボタンは表示できないの?

A ＜ホーム＞ボタンが表示されていない場合は、＜設定＞
ウィンドウの＜外観＞で表示するように設定できます。

1 ＜設定＞ウィンドウを表示します（184ページ参照）

2 ⚙ 外観 を
左クリックします

3 ここを左クリックして
◯ にします

4 ここを左クリックします

5 ホームページにしたい
アドレスを入力します

6 保存 を左クリックします

7 ⌂ ホーム ボタンが
表示されました

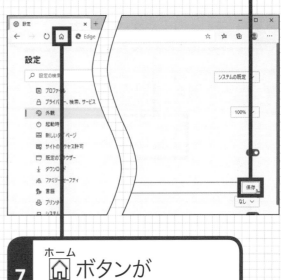

記号を入力する

「@」（アットマーク）や「.」（ドット）などの記号は、半角英数入力モードでキーボードの該当キーを押すだけで入力できます。●や■、★などの記号は、読みを入力して変換します。

●「★」を入力する

1 半角/全角キーを押して、入力モードを **あ** に切り替えます

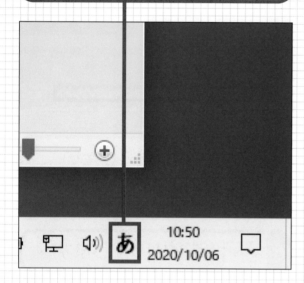

2 「ほし」と入力します

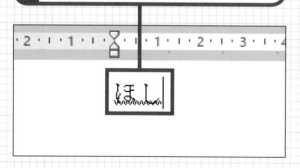

3 スペース キーを何度か押して、変換候補を表示します

4 スペース や ↓ キーを押して「★」に移動します

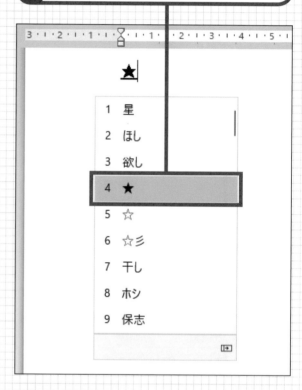

5 Enter キーを押します

6 「★」が入力されました

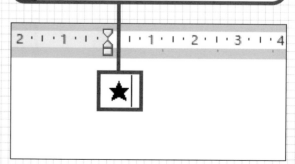

●半角英数入力モードで入力できる主な記号

記号	読み方	キー
~	チルダ	Shift + ~^ キー
#	シャープ	Shift + #3あ キー
&	アンド	Shift + &6おお キー
_	アンダーバー	Shift + _ろ キー
@	アットマーク	@ キー
-	ハイフン	=ーほ キー
/	スラッシュ	?/め キー
.	ドット	>.る キー
,	カンマ	<,ね キー
;	セミコロン	+;れ キー
:	コロン	*:け キー

●読みを入力して変換できる主な記号

読み	記号	読み	記号
まる	● ○ ◎	おなじ	〃 々 ゝ ゞ
ほし	★ ☆ ※ ＊	やじるし	→ ← ↓ ↑ ⇒ ⇔
かっこ	【 】 《 》 " " 『 』 〔 〕 ' '	しめ	〆
		ゆうびん	〒
さんかく	▲ △ ▼ ▽ ∴ ∵	けいせん	┤ ├ ┌ ┘ ┐ └
しかく	■ □ ◆ ◇	てん	¨ … ‥
たんい	℃ ° ‰ Å ¢ £		
かける	×	から	〜

Microsoft アカウントを作成する

ウィンドウズに付属の「メール」アプリなどを利用するには、Microsoftアカウントが必要です。Microsoftアカウントは無料で取得できます。

1 Microsoftアカウント作成ページ（https://signup.live.com）を表示します

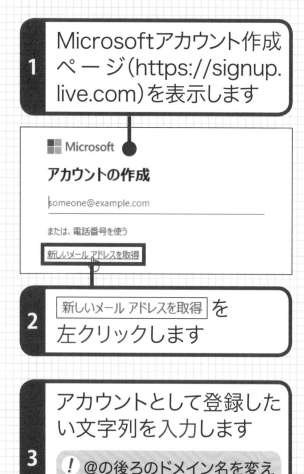

2 新しいメール アドレスを取得 を左クリックします

3 アカウントとして登録したい文字列を入力します

！ @の後ろのドメイン名を変えたいときは、▽を左クリックして選択します

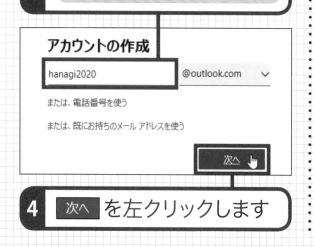

4 次へ を左クリックします

5 パスワードを入力します

！ 8文字以上で、英字の大文字、小文字、数字、記号のうち、2種類以上を含んでいる必要があります

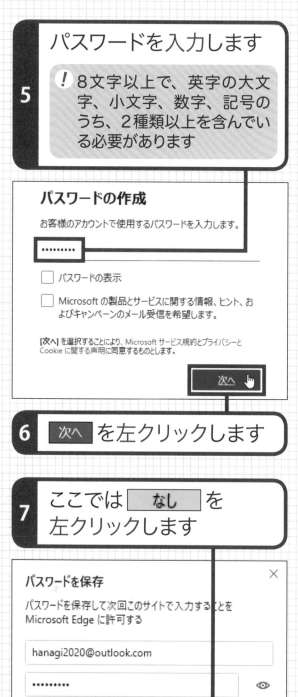

6 次へ を左クリックします

7 ここでは なし を左クリックします

188

8 画像で表示されている文字を読んで入力します

! 文字が読みにくい場合は、 新規 を左クリックすると、文字を変更できます

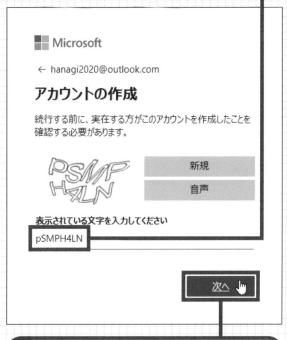

9 次へ を左クリックします

10 はい を左クリックします

11 Microsoftアカウントが作成されました

12 ① 名前を追加する を左クリックします

13 アカウントの名前を入力します

14 画像で表示されている文字を読んで入力します

15 保存 を左クリックします

INDEX 索引 ••••••••••••••••••••••••••••••••••••

**大きな字でわかりやすい　パソコン入門
ウィンドウズ10対応版［改訂3版］**

2021年2月27日　初版　第1刷発行
2022年3月13日　初版　第2刷発行

著　者●AYURA
発行者●片岡 巖
発行所●株式会社　技術評論社
　　　　東京都新宿区市谷左内町21-13
　　　　電話　03-3513-6150　販売促進部
　　　　　　　03-3513-6160　書籍編集部
カバーデザイン●山口秀昭（Studio Flavor）
カバーイラスト・本文デザイン●イラスト工房（株式会社アット）
編集／DTP●AYURA
担当●青木 宏治
製本／印刷●大日本印刷株式会社

定価はカバーに表示してあります。

落丁・乱丁がございましたら、弊社販売促進部までお送りください。交換いたします。
本書の一部または全部を著作権法の定める範囲を超え、無断で複写、複製、転載、テープ化、ファイルに落とすことを禁じます。

©2021　技術評論社

ISBN978-4-297-11882-2 C3055
Printed in Japan

■問い合わせ先

〒162-0846
東京都新宿区市谷左内町21-13
株式会社技術評論社　書籍編集部
「大きな字でわかりやすい　パソコン入門
ウィンドウズ10対応版［改訂3版］」質問係
FAX番号　03-3513-6167

URL：https://book.gihyo.jp/116